# Pferdeland
Schleswig-Holstein

# Pferdeland
## Schleswig-Holstein

### Ingken Wehrmeyer

Reiterferien
Pferdezucht
    Ausbildung
Top Events
Pensionsställe

Wachholtz

Alle Rechte, auch die des auszugsweisen Nachdrucks, insbesondere für Vervielfältigungen, der Einspeicherung und Verarbeitung in elektronischen Systemen sowie der photomechanischen Wiedergabe und Übersetzung vorbehalten.

ISBN 978-3-529-05434-1
www.wachholtz.de
© 2011 Wachholtz Verlag, Neumünster

# Inhalt

7 Vorwort

## Reiten in Schleswig-Holstein
8 Das Reit- und Fahrwegenetz
11 Reiten am Strand
13 Wanderreiten
14 Jagdreiten

## Pensionsställe
16 Ein Zuhause für mein Pferd
18 Betriebe im Portrait

## Ausbildung für Pferd und Reiter
34 Welche Methode ist die beste: klassisch, western oder lieber barock?
36 Ausbildungsbetriebe im Portrait

## Reiterferien in Schleswig-Holstein
102 Ferien auf dem Ponyhof
103 Reiterferienbetriebe im Portrait

## Pferdezucht
136 Holsteiner Pferdezucht
136 Trakehner Pferdezucht
137 Pferdestammbuch Schleswig-Holstein

## Top Events
168 VR Classics in Neumünster
168 Strandderby in Scharbeutz
170 Baltic Horse Show
170 Trakehner Hengstkörung
171 Herbstauktion und Körung des Holsteiner Verbands
171 Körung des Pferdestammbuchs Schleswig-Holstein und Hamburg

## Adressen
174 Pferdebetriebe
218 Pferdekliniken, Ärzte, Verbände, Hufschmiede
222 Anhang

# Die Autorin

*Ingken Wehrmeyer*

Die Autorin **Ingken Wehrmeyer** lebt und arbeitet in Schleswig-Holstein. Die Journalistin reitet seit ihrer Kindheit und besitzt zusammen mit ihrer Schwester Ute Hansen ein eigenes Pferd. Sie hat die Leistungsklasse (LK) 5 und bezeichnet sich gern als „ambitionierte Freizeitreiterin".
Ingken Wehrmeyer hat ihr Volontariat beim Schleswig-Holsteinischen Zeitungsverlag absolviert und in dieser Zeit die verschiedenen Außenredaktionen des Landes kennen gelernt. Danach war sie Redakteurin bei RTL Nord und Pressereferentin beim Wirtschaftsrat. Seit einigen Jahren ist die Mutter zweier Kinder erfolgreich als Online-Redakteurin tätig. Außerdem verfasst sie Texte (Reportagen und Hintergrundberichte) für Werbe- und Kundenmagazine. Darüber hinaus ist die 47-jährige Mitglied der Autorengruppe „Roter Hering", die zusammen mit Tatort-Autor Felix Huby Drehbuchideen, Exposés und Treatments entwickelt. Im Jahr 2009 veröffentlichte sie zusammen mit Martina Klapheck das Buch „Naturabenteuer – Schleswig-Holstein für neugierige Entdecker."

# Vorwort

Schleswig-Holstein ist ein Pferdeland. Im Land zwischen den Meeren gibt es nach aktuellen Schätzungen 100.000 Pferde. Bemerkenswert ist, mit wie viel Engagement und Herzblut die Pferdefreunde in Schleswig-Holstein ihre Pensions- und Ferien-Betriebe, Reitschulen und Gestüte führen.

Die Pferdezucht hat in Schleswig-Holstein eine lange Tradition. Der Holsteiner und der Trakehner Verband sind hier beheimatet. Die alljährlich stattfindenden Auktionen und Körungen locken Besucher und Pferdefreunde aus ganz Deutschland und dem Ausland ins nördlichste Bundesland. Es gibt darüber hinaus kaum eine Rasse, die in Schleswig-Holstein nicht gezüchtet wird: Hannoveraner, Shetland-Ponys, Araber, Haflinger und Isländer, um nur einige zu nennen.

Die Ausbildungsbetriebe in Schleswig-Holstein haben durchweg ein hohes Niveau. Alle denkbaren Disziplinen werden hier von professionellen Reitlehrern und Bereitern vermittelt: Dressur, Springen und Vielseitigkeitsreiten, aber auch Fahren, Western- und Barockreiten sowie das Klassische Reiten. Wer neue Wege ausprobieren möchte, ist hier ebenfalls gut aufgehoben. Trainer bieten Dualaktivierung, aber auch berittenes Bogenschießen und Reiten nach den Grundsätzen von Pat Parelli an.

Für die meisten Mädchen, aber auch für immer mehr Jungen, steht der Urlaub auf einem Ponyhof ganz oben auf der Wunschliste. In keinem anderen Bundesland ist es möglich, an die Strände der Nord- und Ostsee zu reiten. Die Reiterferien-Betriebe bieten ihren jungen Gästen eine Rundumbetreuung; Langeweile gibt es nicht. Auf dem täglichen Programm stehen Reiten, Pony pflegen, Kutsche fahren, aber auch Badeausflüge und Diskoabende.

Wer ein Pferd besitzt und auf der Suche nach einem passenden Pensionsbetrieb ist, hat die Qual der Wahl. Fast alle Ställe bieten hervorragende Trainings- und Ausreitmöglichkeiten für ihre Einsteller. Die Zeiten der reinen Boxenhaltung scheinen vorbei zu sein. Täglicher Weidegang oder zumindest Auslauf sind in fast allen Betrieben selbstverständlich.

Lassen Sie sich mit auf eine Reise durch das Pferdeland Schleswig-Holstein nehmen. Anregungen und Kritik sind herzlich willkommen!

*Reiter und Pferde genießen den Ausritt im Wald.*

## Das Reit- und Fahrwegenetz

Viele Reiter und Pferdefreunde in Schleswig-Holstein würden sich freuen, wenn das Reiten auf möglichst vielen Wegen erlaubt wäre. Das Land Schleswig-Holstein fördert seit einigen Jahren den Ausbau des Reitwegenetzes. Viele Projekte sind schon erfolgreich umgesetzt worden. In fast allen Regionen sind bereits gut ausgeschilderte Reit- und auch Fahrwege vorhanden. Insgesamt bestehen 2000 Kilometer beschilderter Routen. Freundliche und kompetente Gastgeber und Wanderreitstationen bieten Quartier für Pferde und Reiter.

Grundsätzlich ist das Reiten und Fahren in Schleswig-Holstein im Wald nur auf gekennzeichneten Reitwegen erlaubt. Gefahren werden darf auf öffentlichen Straßen und Wegen. Dies ist im Landeswaldgesetz geregelt. Ansonsten ist das Reiten auf Feldwegen und öffentlichen Straßen außerhalb von Wäldern gestattet. Auf privaten Wegen darf nur mit ausdrücklicher Genehmigung des Grundstücks- und Waldbesitzers gefahren und geritten werden. Das gilt auch für das Reiten über Stoppelfelder.

### Reit-, Fahr- und Wanderwege an der Geltinger Bucht

Die Interessengemeinschaft für Reit-, Fahr- und Wanderwege an der Geltinger Bucht setzt sich für den weiteren Ausbau des Wegenetzes an der Geltinger Bucht ein. Es gibt bereits einen 1,5 Kilometer langen Reitweg, der in landschaftlich reizvoller Lage entlang des Stührsholzer Waldes führt. Mehr Infos unter: www.reitwege-geltinger-bucht.de

## Das Reitwegenetz in Mittelholstein

Im Naturpark Hüttener Berge finden Wanderreiter besonders gute Bedingungen. Die Reitwege sind beschildert und führen durch Wald und Wiesen und vorbei an malerischen Seen. Die meisten Wege eignen sich auch zum Kutsche fahren. Viele Bauernhöfe sind Reiterhöfe, die Übernachtungsmöglichkeiten für Reiter und ihre Pferde anbieten. Man kann auch von einem Scout geführte Touren buchen. So können sich Reiter nur auf ihren Vierbeiner konzentrieren, ohne an die nächste Rastmöglichkeit oder Unterkunft denken zu müssen. Gern werden auch individuelle Touren ausgearbeitet. Geprüfte Wanderreitführer bieten Wanderritte durch den Naturpark Aukrug und den Naturpark Westensee an. Mehr Infos: www.mittel-holstein.de/reiten.html

## Reiten im Holsteiner Auenland

Im Holsteiner Auenland gibt es ein Netz von über 400 Kilometern ausgeschilderter Rundrouten. Die 22 Rundrouten, mit Längen von sechs bis 34 Kilometern, können miteinander verbunden werden. Daher sind ganze Tagesritte oder sogar mehrtägige Wanderritte möglich. Auf dem Rücken seines Pferdes kann man die abwechslungsreiche Landschaft zwischen dem Naturpark Aukrug, dem Segeberger Forst und dem Rantzauer Forst erleben. Auf der Webseite www.holstein-tourismus.de/reiterferien-nordsee-ostsee.html stehen die Daten für GPS-Geräte und eine Infobroschüre „Reitstationen und Reitangebote" zum Download bereit.

## Das Reit- und Fahrroutennetz der Flusslandschaft Eider-Treene-Sorge

Dieses Reitwegenetz besteht in den Kreisen Nordfriesland und Schleswig-Flensburg. 600 Kilometer Reit- und Fahrwege sorgen für ein unbeschwertes Reitvergnügen. Das Gebiet umfasst u.a. die ursprünglichen Landschaften der drei Flüsse Eider, Treene und Sorge sowie die Landschaft Stapelholm. Es gibt 30 reizvolle Rundtouren, die über ruhige Straßen, Feldwege, durch das Wilde Moor und bis an die Nordsee führen. Wanderreiter können mit ihren Pferden auf Reiterhöfen und in Heuherbergen übernachten. Mehr Infos unter: www.reitrouten.de
Eine Reit- und Fahrroutenkarte kann für eine Schutzgebühr von 7,50 Euro bei der Eider-Treene-Sorge GmbH bestellt werden. Tel.: 04333-99249.

*Kutschfahrten sind nur auf dafür ausgewiesenen Wegen erlaubt.*

## Das Reitwegenetz Region Lübecker Bucht

Das Reitwegenetz verbindet Nordwestmecklenburg, Lübeck, Ostholstein und Herzogtum Lauenburg. Es gibt viele abwechslungsreiche Touren, um vom Pferderücken aus die wunderschöne Landschaft zu erleben: das Hügelland von Ostholstein, den Naturpark Lauenburgische Seen oder die naturbelassene Küstenlandschaft von Nordwestmecklenburg.
www.reiten-luebecker-bucht.de
Die Reitroutenkarten Region Lübecker Bucht sind gegen eine Schutzgebühr von 11,90 Euro bei der Entwicklungsgesellschaft Ostholstein, Tel.: 04521-808592, zu beziehen.

## Das Reitwegenetz Herzogtum Lauenburg

In dieser Region führen die Reitwege über die Alte Salzstraße, an der Elbe vorbei und durch den Naturpark Lauenburgische Seen. Die Interessengemeinschaft Reiter und Fahrer des Kreises Herzogtum Lauenburg setzt sich dafür ein, dass die Reit- und Fahrwege noch weiter ausgebaut werden. Für Wanderreiter gibt es interessante Pauschalangebote, z.B. „Se(h)en vom Pferd" oder „Mit Pferd und Kutsche von Lüneburg nach Lübeck".
www.ig-reiter.de

## Reitwege rund um Norderstedt

Es gibt sechs Touren, die u.a. durch die Ohewiesen, den Rantzauer Forst mit Moorgehege, das nördliche Norderstedt, den Tangstedter Forst und rund um das Wittmoor und die Hummelsbüttler Feldmark führen. Auf der Internetseite www.norderstedt.de gibt es weitere Informationen. Einfach „Reitwege" in die Suchmaske eingeben.

> **Kalles Insider-Tipp**
> 
> Grundsätzlich gibt es in Schleswig-Holstein noch keine Pflicht, während eines Ausrittes eine sogenannte „Trensennummer" am Zaumzeug des Pferdes anzubringen. Einige Gemeinden erlauben das Reiten im Wald und auf den Feldwegen allerdings nur, wenn der Reiter vorher eine solche Plakette erworben hat. Jeder Pferdebesitzer muss sich daher zuvor bei der entsprechenden Gemeinde erkundigen. Die Trensennummer kann beim Pferdesportverband von Schleswig-Holstein bestellt werden. Unter **www.pferdesporverband-sh.de** steht ein entsprechendes Formular zum Download bereit. Die Trensennummer kostet einmalig 20 Euro. Dort können übrigens auch Formulare zur Nutzungsvereinbarung für Reitwege heruntergeladen werden.

# Reiten am Strand

Für die meisten Reiter ist Reiten am Strand ein absolutes Highlight. In Schleswig-Holstein bieten die Strände der Nord- und Ostsee dazu hervorragende Möglichkeiten, allerdings mit Einschränkungen. Das Landesnaturschutzgesetz regelt, dass vom 1. April bis 30. September im Allgemeinen am Strand nicht geritten werden darf. Jedoch können die Gemeinden eine sogenannte Sondernutzung erlauben.

## Reiten an der Nordsee

Das Watt und die Strände an der Nordsee sind sehr gut zum Reiten geeignet. Zu beachten ist allerdings, dass es hier viele Naturschutzgebiete gibt, in denen das Reiten nur mit einer Sondergenehmigung erlaubt ist. St. Peter-Ording ist die erste Adresse für Reiter, die an der Nordsee ausreiten möchten. Die Reitvorschriften für den Strand sind in dem Nordseeheilbad ganz klar geregelt. Das Reiten ist nur zwischen den Badestellen Süd und Böhl erlaubt, aber dafür das ganze Jahr über. Bei Niedrigwasser ist dieser Bereich bis zu zwei Kilometer breit, also groß genug, um stundenlang ausreiten zu können.

Wer in St. Peter-Ording mit seinem Pferd an den Strand möchte, benötigt dafür eine Plakette, die während des Ausrittes an der Trense befestigt werden muss. Die Plakette ist in der Geschäftsstelle der Zimmervermittlung St.Peter-Ording oder an den Strandübergängen erhältlich (Tagesgebühr 7 Euro). Verbringt man seinen Urlaub im Ort oder möchte man den Ausflug zum Meer öfter unternehmen, besteht die Möglichkeit, eine Monats- oder sogar Jahresplakette zu erwerben.

*Endlose Weiden: Strandreiten in St. Peter-Ording*

# Ostsee Schleswig-Holstein

An der Ostseeküste ist es für Reiter etwas schwieriger, am Strand zu reiten, denn dieser ist wesentlich schmaler als an der Nordsee, außerdem sollen die Ferien- und Badegäste nicht gestört werden. In der Hauptsaison sind nahezu alle Strandabschnitte der Ostsee in Schleswig-Holstein für die Reiter gesperrt. In der Nebensaison und in den Wintermonaten dagegen ist das Reiten an den Ostseestränden fast überall erlaubt, z.B. auf Fehmarn, an den Stränden von Eckernförde oder am Timmendorfer Strand.

Außerhalb der Badesaison darf am Falckensteiner Strand in der Nähe von Kiel geritten werden. Der Sand ist sehr fein und teilweise mit Dunengras bewachsen. Das Wasser ist am Ufer flach, sodass man dort auch gut hinein reiten kann.

Viele Wanderreiter schwören auf alte Kavalleriesättel, die sie aufgearheitet haben. Solche Sättel können Pferdefreunde auf Flohmärkten oder im Internet, z.B. bei Ebay, finden und günstig erwerben.

*An Ostseestränden bringt das Reiten richtig Spaß.*

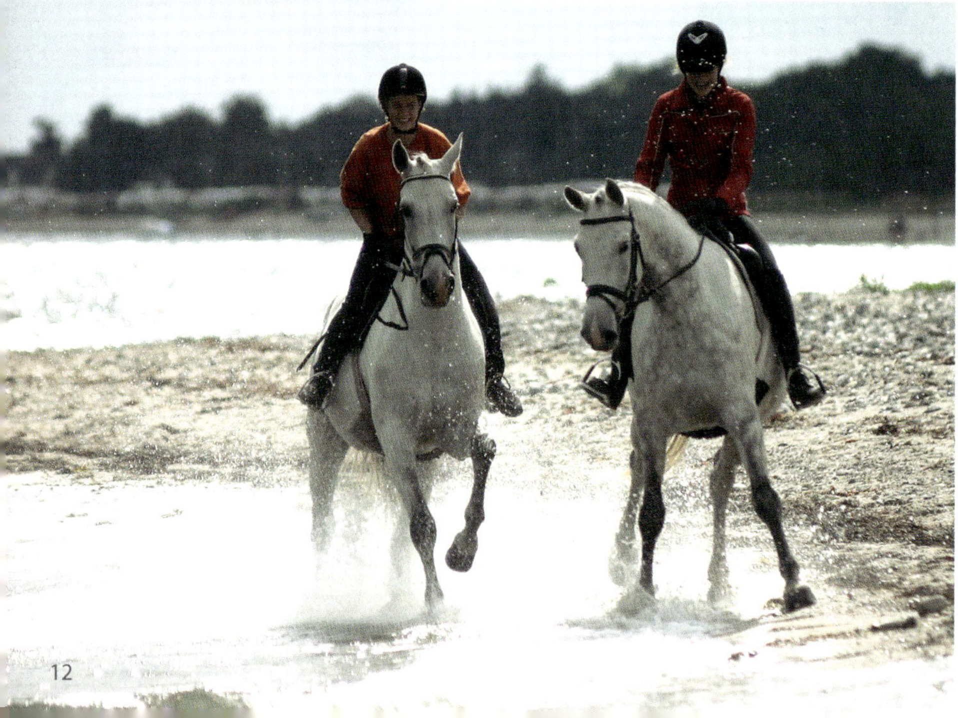

# Wanderreiten in Schleswig-Holstein

Wanderreiter finden in Schleswig-Holstein sehr gute Bedingungen, zum Beispiel im Naturpark Hüttener Berge, im Holsteiner Auenland oder in der Flusslandschaft Eider-Treene-Sorge. Die jeweiligen Reit- und Fahrkarten sind fast immer über die Touristeninformation zu beziehen. Diese Broschüren zeigen nicht nur die Routen und Wegstrecken, sondern auch Einstiegsmöglichkeiten und Parkplätze für PKWs mit Pferdeanhänger. Darüber hinaus sind dort auch Wanderreitstationen und pferdefreundliche Gaststätten aufgelistet.

Mit dem Pferd durch die Natur zu wandern, ist ein ganz besonderes Erlebnis. Mensch und Pferd sind unterwegs, um ein bestimmtes Ziel zu erreichen. Dabei geht es nicht darum, möglichst schnell anzukommen. Im Gegenteil: Für den Wanderreiter ist der Weg das Ziel. Landkarte und Kompass helfen dabei, den richtigen Pfad einzuschlagen. Die Windrose hat sich daher als Erkennungszeichen der Wanderreiter etabliert. Die Wanderreitbewegung entstand in den fünfziger und sechziger Jahren. Damals boten Menschen in Schottland erstmals ein sogenanntes „pony-trekking" an. Die Reiter wanderten zu Pferde durch weitgehend unberührtes Land, zum Teil auf historischen Viehtriebswegen oder auf historisch bedeutsamen Pfaden. Dabei ging es vor allem darum, die Gegend schrittweise und bewusst zu erkunden und zudem auch die Pferde zu schonen.

## Pferde
Nicht jedes Pferd eignet sich für das Wanderreiten. Es muss den besonderen Anforderungen der Trails gewachsen sein. Das ideale Wanderpferd sollte nicht zu groß sein (150 bis 160 cm Stockmaß), ein ausgewogenes Gebäude aufweisen (Quadratpferd), einen gesunden Vorwärtsdrang haben und leichttrittig, trittsicher, nervenstark, ausdauernd und robust sein.

## Ausrüstung
Beim Wanderreiten müssen Pferd und Reiter besonders gut ausgerüstet sein. Wichtig ist vor allem ein perfekt sitzender Sattel. Normalerweise reicht ein Vielseitigkeitssattel. Aber auch Westernsättel eignen sich für das Wanderreiten. Die Kleidung des Reiters muss so zweckmäßig wie möglich sein: Stiefel, in denen man auch mal eine längere Strecke laufen kann, bequeme Hosen, eine Kopfbedeckung und eine Jacke oder ein Regencape.

*Wanderreiter unterwegs*

# Jagdreiten in Schleswig-Holstein

Jagdreiten hat auch in Schleswig-Hostein eine lange Tradition. Dabei spielt das eigentliche Jagen keine Rolle mehr. Wenn eine Meute, also Hunde, dabei sind, spricht man von einer Schleppjagd. Die Meute wird von der sogenannten Equipage angeführt. Diese besteht aus dem Master, dem Huntsman, den Pikeuren und dem Schleppenleger. Der Equipage mit der Meute folgt der Jagdherr. Er ist der eigentliche Gastgeber und führt meistens auch das erste Feld der Reiter an. Je nach Teilnehmerzahl und Jagdstrecke wird in mehreren Feldern geritten, darunter auch einem „Nichtspringer-Feld", das die Hindernisse auslässt.

Nach der Begrüßung am Platz des Stelldicheins wird die Meute zum Anlegeplatz für die erste Schleppe geführt. Erst wenn die Hunde sicher auf der Fährte sind, folgen die Reiter. Eine Jagd ist kein Wettrennen. Der Vordermann wird nicht überholt. Die Jagdstrecke führt je nach Jahreszeit über eine Entfernung von zehn bis zwanzig Kilometern, die aufgeteilt sind in verschiedene Schleppen. Schrittpausen dazwischen und Stopps dienen der Erholung der Meute und von Reitern und Pferden. Die letzte Schleppe endet mit dem „Halali!". Dazu wird die Meute geschlossen an einen Platz geführt, wo die Zuschauer inzwischen eingetroffen sind und die „Curée" (frz. die Beute) vorbereitet ist. Die Reiter sitzen ab und bilden mit ihren Pferden an der Hand einen Halbkreis um die Hunde, und wenn der Master die Curée freigegeben hat, ziehen sie ihre Kappe und rufen „Halali, Halali" (frz. für ha la lit, da liegt er.) Danach nehmen die Reiter zu Fuß ohne Pferd aus der Hand der Gastgeberin oder einer Dame, die besonders geehrt werden soll, den Bruch entgegen. Wenn Pferde und Hunde angemessen versorgt sind, klingt der Tag mit einem Beisammensein aus.

## Die Schleswig-Holstein Jagd

Die Schleswig-Holstein Jagd wird einmal im Jahr an verschiedenen Orten ausgetragen und zwar zur Erinnerung an Romedio Graf Thun-Hohenstein, der nach dem Zweiten Weltkrieg einer der bekanntesten Turnierrichter und engagierter Jagdreiter war. Die Schleppjagd wird aktuell von der Lübecker Beagle-Meute von Joachim Martens angeführt.
Mehr Infos unter:
www.beagle-meute-luebeck.de

## Die Petersfelder Herbstjagd

Die Petersfelder Herbstjagd ohne Fuchs und Hunde findet einmal im Jahr statt. Die Strecke ist 15 Kilometer lang und führt über Knick- und Grabensprünge, aber auch künstliche Hindernisse. Der Gründer und Master der Jagd, Hans-Jürgen Schiller, ist leidenschaftlicher Hobbylandwirt und erfahrener Jagdreiter. 70 bis 80 Reiterinnen und Reiter nehmen jedes Jahr Ende August an dieser Veranstaltung teil.

Mehr Infos unter: www.petersfelde-herbstjagd.de

## Die Vierthof Schleppjagd

Einmal im Jahr, meistens am ersten oder zweiten Wochenende im September, findet auf dem Vierthof in Albersdorf die traditionelle Schleppjagd mit der Wiesenhof-Meute statt. Susanne und Ralph Steffens sind als Eigentümer des Hofes Jagdherren. Die Strecke um den Vierthof hat eine Länge von rund 12 bis 14 Kilometern und birgt keine besonderen Schwierigkeiten. In den 90er Jahren wurde hier sogar die Schleswig-Holstein Jagd ausgetragen. Am Ende der Jagd erhalten die Hunde einen Pansen, während die Reiter vom Jagdherrn im Sommer einen Eichenbruch und ab dem 3. November einen Tannenzweig als Dank für die Teilnahme der Jagd überreicht bekommen.

Mehr Infos unter: www.vierthof.com/schleppjagd/

*Mut und Ausdauer sind bei der Schleppjagd gefragt.*

# Ein Zuhause für mein Pferd

Ein Pferd braucht eine passende Unterkunft. Wenige Pferdebesitzer können ihre Vierbeiner am eigenen Haus halten, die meisten mieten für ihre Tiere einen Stall in einem Pensionsbetrieb, inklusive Futter, Heu und Stroh. Fast alle Höfe in Schleswig-Holstein bieten zudem im Sommer Weidegang und im Winter Auslauf auf Paddocks an. Für Reiter, denen vor allem die artgerechte Haltung ihres Pferdes wichtig ist, sind Aktiv- oder Offenställe oft die richtige Wahl. Für ambitionierte Pferdefreunde, die auch auf Turnieren reiten wollen oder regelmäßig Unterricht nehmen, ist ein traditioneller Reitstall mit Boxen und Weidegang oder Paddockauslauf gut geeignet.

Hier ein Überblick der verschiedenen Haltungsformen in Schleswig-Holstein:

## Boxenhaltung

In den meisten Betrieben in Schleswig-Holstein werden die Pferde überwiegend in Boxen gehalten. Die Boxen sind in der Regel drei mal drei bis drei mal vier Meter groß und durch Gitter voneinander getrennt. Die benachbarten Pferde können sich sehen und beschnuppern, aber keinen körperlichen Kontakt aufnehmen. Diese Haltung ist nicht artgerecht, wenn es nicht zusätzlich einen Auslauf auf Weiden oder Paddocks gibt.

## Offenstallhaltung

In einem Offenstall werden mehrere Pferde zusammen gehalten. Die Tiere können, wenn sie wollen, einen frei zugänglichen Stall aufsuchen. Es gibt einen vegetationslosen Auslauf und Weideflächen. Die Offenstallhaltung wird auch „Gruppenauslaufhaltung" genannt. Diese Haltungsform entspricht in hohem Maße den Bedürfnissen und der Natur der Pferde. Wissenschaftliche Studien haben belegt, dass die Offenstallhaltung auch für Hochleistungspferde, wie z.B. Trabrennpferde, geeignet ist. Ein Offenstall sollte jedoch eine „Notbox" haben, wo kranke oder intensiv gerittene Pferde zeitweise untergebracht werden können. Problematisch kann es sein, alle Tiere gemeinsam zu füttern. Deshalb wird von Experten empfohlen, separate Futterplätze einzubauen. In der nasskalten Jahreszeit kann es sinnvoll sein, ein Solarium zu nutzen, damit die Pferde wirklich trocken sind, bevor sie wieder in den Offenstall kommen.

## Robusthaltung/Weidehaltung

Die Pferde werden das ganze Jahr über auf einer großen Weide – etwa einem Hektar pro Pferd – gehalten. Damit sich die Tiere vor starkem Regen und Sonne schützen können, sollte es Bäume oder Unterstände geben. Wenn das Nahrungsangebot im Winter knapp wird, muss Heu, aber auch Mineral- und Kraftfutter zugefüttert werden. Für Pferdehalter bedeutet dies,

*Eine artgerechte Haltung ist besonders bei Jungpferden wichtig.*

dass sie ihr Pferd erst einmal einfangen und dann ausgiebig putzen müssen, wenn sie reiten wollen. Da die Vierbeiner ein relativ „wildes" Leben führen, sind sie meistens nicht so sehr an ihrem „Menschen" interessiert. Insofern ist diese Haltungsform eher für Freizeitreiter geeignet, denen das Wohlergehen ihrer Vierbeiner wichtiger ist, als ihr Hobby oder Sport. Bewährt hat sich diese Haltungsform allerdings für die Aufzucht von Jungpferden.

## Laufstall

In einem Aktivstall leben Pferde fast genau so wie in freier Wildbahn. Pferde sind Herden- und Steppentiere. In ihrer natürlichen Umgebung sind die Vierbeiner ca. 16 Stunden am Tag unterwegs, um Futter zu suchen. Dabei legen die Pferde bis zu 30 Kilometer zurück. Sie suchen in dieser Zeit aber auch immer wieder Kontakt zu ihren Artgenossen, um sich z.B. gegenseitig das Fell zu pflegen. Genau genommen ist eine solche Anlage gar kein Stall, sondern ein Haltungssystem, das den natürlichen Bedürfnissen der Pferde nach Bewegung, Sozialkontakt und Fressen gerecht werden will. Es gibt verschiedene Bereiche, in denen die Pferde fressen, saufen, sich wälzen und sich ausruhen können. Dazwischen befinden sich lange Laufwege. Pferde in Aktivställen bewegen sich bis zu 15 Kilometer am Tag. Die Vierbeiner erhalten ihr Futter durch Fütterungsautomaten, die individuell programmiert werden. Alle Pferde tragen weiche Sicherheitshalsbänder mit einem Mikrochip, durch die der Computer sie erkennen kann. Jedes Tier kann jeweils bis zu 20 kleine Portionen Kraftfutter und Heulage abholen. Die vielen kleinen Portionen sorgen für eine gleichmäßige Befüllung des Magen-Darm-Traktes, wodurch Koliken und Aggressionen durch Hunger und Langeweile vorgebeugt werden kann. Ein spezielles Bodenraster aus Gummi sorgt dafür, dass der Boden bei Regen nicht matschig wird.

*Gut Projensdorf liegt direkt am Nord-Ostsee-Kanal.*

Gut-Projensdorf – Landkreis Rendsburg-Eckernförde

# Ein Pferdeparadies direkt am Kanal

Die Reitanlage von Gut Projensdorf lässt keine Wünsche offen. „Für mich und mein Team ist es wichtig, dass sich unsere Einsteller auf uns verlassen können", sagt Almuth Klemp, Eigentümerin des Gutes. Die Pferdebesitzer schätzen die familiäre Atmosphäre und persönliche Betreuung durch das Stall-Team. Die Stallgebäude sind hell, freundlich und gut durchlüftet, tägliches Misten ist hier selbstverständlich. Die Boxen haben eine Mindestgröße von 12 Quadratmetern, und es gibt viele Außen- und Paddockboxen. Die Pferde kommen das ganze Jahr über nach draußen, im Sommer auf die großen Koppeln und im Winter auf sehr gut gepflegte Paddocks. Die Vierbeiner werden jeden Tag morgens raus und mittags oder vor der Abendfütterung wieder in den Stall gebracht. „Die Gesundheit der Pferde liegt mir sehr am Herzen", sagt Almuth Klemp, „deshalb ist die artgerechte Haltung der Einstellerpferde für mich ganz wichtig." Während der Paddocksaison bekommen die Vierbeiner dreimal täglich Kraft- und Rauhfutter, in der Weidesaison wird morgens und abends gefüttert. Eine Mittagsfütterung ist auf Wunsch möglich.

Den Einstellern steht eine große (20 x 40 m) und eine kleine Reithalle, die überwiegend zum Laufen lassen und zur Bodenarbeit genutzt wird, zur Verfügung. Darüber hinaus gibt es einen täglich gepflegten Longierzirkel und – das Highlight der Reitanlage – eine Galoppbahn mit Kiesboden. Die Ländereien und Betriebswege von Gut Projensdorf laden zu entspannenden Ausritten ein, u.a. bis zum historischen Baudenkmal Ratmannsdorfer Schleuse, die zum Gut gehört. Ein Springplatz ist ebenfalls vorhanden.

**PENSIONSSTÄLLE**

Das ehemalige adlige Gut, das direkt am Nord-Ostsee-Kanal liegt, wird im 11. Jahrhundert das erste Mal erwähnt. Unter anderen lebte Ferdinand Graf von Spree bis zu seinem Tode 1937 auf Gut Projensdorf. Die heutige Besitzerin Almuth Klemp bietet in dem wunderschön gelegenen Herrenhaus den passenden Rahmen für verschiedene kulturelle Veranstaltungen und Konzerte. Seit 2005 finden auf dem KulturGut Projensdorf standesamtliche Trauungen der Gemeinde Altenholz statt. Der Gartensalon kann für Familien- und Betriebsfeiern, Jubiläen und Hochzeiten angemietet werden.

**Reitanlage Gut Projensdorf**
**KulturGut Projensdorf**
Almuth Klemp
24161 Altenholz
Tel.: 0431-3898484
Fax: 0431-3898485
E-Mail: *almuth.klemp@t-online.de*
*www.gut-projensdorf.de*
*www.kulturgut-projensdorf.de*

*Das Stallteam*

*Ein Paradies für Pferde*

Aktivstall Trittau – Landkreis Stormarn

# Eine Wohlfühloase für Pferd und Reiter

Tanja Förster-Jepsen und Olaf Jepsen haben sich einen Traum verwirklicht. In ihrem Aktivstall in Trittau können ihre Pferde und die ihrer Einsteller naturnah und artgerecht leben. Dem Ehepaar gefiel die Einzelhaltung von Pferden in den meisten Ställen nicht. Deshalb machten sie sich auf die Suche nach einem Grundstück, um dort zunächst mit ihren Kindern und Pferden das Leben in der Natur zu genießen. „Wir wollten unsere Pferde aus der Einzelhaltung befreien", erinnert sich Tanja Förster-Jepsen. Das Ehepaar entdeckte dann in Trittau ein wunderschönes Grundstück mit Stallungen. Olaf Jepsen konzipierte einen Aktiv-Stall und gemeinsam setzten die beiden ihre Ideen in die Realität um.

Es entstand eine Wohlfühloase für Pferde und Reiter. Herzstück der Anlage ist ein circa ein Hektar großes Paddock. Der Untergrund besteht aus feinem, weißen Sand „fast wie Strandsand", so Förster-Jepsen. Ihre und die Pferde der Einsteller tragen einen Transponder, sodass der Futterautomat erkennt, welches Pferd die Futterstation betritt. Auf diese Weise erhält jedes Pferd über den Tag verteilt eine individuell errechnete Futterration. Das Raufutter und das Wasser finden sich an anderen Stellen innerhalb des Paddocks. Daher sind die Pferde gezwungen, den ganzen Tag zwischen den einzelnen Stationen hin- und her zu laufen. Sie legen dabei mehrere Kilometer zurück. Für die Wasseraufnahme steht den Vierbeinern ein künstlich angelegtes

„Flussbett" zur Verfügung, indem das ganze Jahr über Wasser mit einer Temperatur von vier bis sechs Grad fließt. „Dafür haben wir einen unterirdischen Tank verlegt, der immer wieder mit frischem Brunnenwasser aufgefüllt wird", sagt die Betriebsinhaberin. Darüber hinaus können sich die Pferde das ganze Jahr über auf weitläufigen Weiden tummeln, die sich direkt an das Paddock anschließen. Ein Weidefachmann aus Süddeutschland stellte dem Ehepaar Jepsen die für Pferde bekömmlichsten Gräser und Kräuter zusammen. Um Trockenschäden zu vermeiden, wird das Grün regelmäßig gewässert. Zum Ausruhen und Schlafen stehen den Pferden drei Liegeställe zur Auswahl, einer davon entstand aus dem bereits vorhandenen Offenstall.

Eingebettet in ein Waldstück liegt das Reitareal von ca. 105 x 55 Metern, bestehend aus einem Dressurviereck (20 x 60 m) und einem Spring- und Bodenarbeitsplatz. Das Reitwegenetz, das am Hof beginnt, ist „ein Traum", so die Förster Jepsens. Auf vielen Wegen kann man die Landschaft genießen oder zum Großensee, zum Mönchsteich, nach Lütjensee oder in die Grander Heide reiten.

Auch die Reiter und Pferdebesitzer sollen sich im Aktivstall Trittau wohl fühlen. Direkt am Paddock befindet sich ein gemütliches Reiterstübchen mit einer Terrasse. Von hier aus hat man einen guten Blick auf die Herde: „Hier sitzen wir gern und klönen", erzählt Tanja Förster-Jepsen. „Wir beobachten gern das Treiben unserer Pferde. Was da so alles passiert, ist ein bisschen wie Kino, nur viel schöner."

**Aktivstall Trittau**
Tanja Förster-Jepsen, Olaf Jepsen
Trittauerfeld 46
22946 Trittau
Tel.: 01 /1-5577840
E-Mail: tanja.jepsen@aktivstalltrittau.de
www.aktivstalltrittau.de

Hof Bredeneek – Landkreis Plön

# Ein Vielseitigkeitsgelände mit besonderem Flair

*Auf Hof Bredeneek findet im Frühjahr ein Internationales Vielseitigkeitsturnier statt.*

Turnier- und ambitionierte Freizeitreiter finden auf Hof Bredeneek in Lehmkuhlen in der Nähe von Preetz optimale Trainingsbedingungen. Den Einstellern stehen zwei Außenreitplätze, ein Springplatz und eine Reithalle zur Verfügung. Die Pferde können ihre Freiheit auf sechs Hausweiden und einer großen Sommerweide direkt an der Schwentine genießen. Zur Bredeneeker Hofanlage gehören zudem 90 Hektar Reitgelände, das aus Wald, Wiesen und Feldwegen besteht. Der große Geländeparcours lässt die Herzen der Vielseitigkeitsreiter höher schlagen. Seit 1996 findet hier das Internationale Drei-Sterne-Vielseitigkeitsturnier statt, das von Jahr zu Jahr von immer mehr begeisterten Zuschauern besucht wird. „Dort in der Sandkuhle ist wirklich eine besondere Atmosphäre", sagt Christa von Paepcke, die zusammen mit ihrem Ehemann Eckhard den Hof betreibt. Drei ihrer Söhne waren erfolgreiche Vielseitigkeitsreiter bis zur Deutschen Meisterschaft und Europameisterschaft für Junioren und Junge Reiter. Hendrik und sein Pferd Amadeus gehörten 1996 sogar zum deutschen Olympia-Aufgebot in Atlanta. Zu dieser Zeit entstand die Idee, auf Hof Bredeneek ein Internationales Vielseitigkeitsturnier zu veranstalten. „Nur auf Internationalen Turnieren können sich die Vielseitigkeitsreiter weiter qualifizieren", erklärt Christa von Paepcke.

Mit Hilfe von befreundeten Sponsoren und später auch dem Verein zur Förderung des Vielseitigkeitsreitens gelang es der Familie Paepcke, innerhalb von kürzester Zeit das Turnier auf die Beine zu stellen: „Das war wirklich eine Entwicklung von Null auf Hundert", sagt die Betriebsinhaberin lachend. Mittlerweile hat Sohn Hendrik die Organisation und die Betreuung der Sponsoren des Internationalen Vielseitigkeitsturniers übernommen. „Ohne unsere Sponsoren könnten wir dieses Turnier nicht weiter veranstalten", meint Christa von Paepcke. „Mein Dank gilt vor allem auch dem Züchter Uwe Bahn, der sich immer sehr engagiert hat."

**Reitstall Hof Bredeneek**
Christa & Eckhard von Paepcke
Hof Bredeneek 1
24211 Lehmkuhlen
Tel.: 04342-81017
Mobil: 0171-6429152
*www.hof-bredeneek.de*
*www.bredeneek-vielseitgkeit.de*

*Christa und Eckhard von Paepcke*

Reitanlage Kastanienhof – Landkreis Rendsburg-Eckernförde

# Optimale Trainingsbedingungen für Schul- und Turnierreiter

Die Reitanlage Kastanienhof wird von vielen Reitern und Pferdefreunden als „wunderschöne Anlage" bezeichnet. Der Betrieb befindet sich inmitten des kleinen Ortes Ehlersdorf, Gemeinde Bovenau. Der ehemalige landwirtschaftliche Betrieb hat sich unter der Leitung von Gesa und Peter Bock zu einem Ausbildungsbetrieb entwickelt, der sowohl für den jungen Reitanfänger als auch den ambitionierten Turnierreiter optimale Bedingungen bietet. Es gibt eine 20 x 60 Meter große lichtdurchflutete Reithalle, einen ebenso großen Außenreitplatz und einen Grasspringplatz. Wer möchte, kann darüber hinaus die Rennbahn eines benachbarten Ausbildungsstalles nutzen. Kornelia Kindermann und Anne Kohlmorgen sind für den Dressurunterricht zuständig, Philipp Schröder fördert die Springreiter.

Kinder können beim Voltigierunterricht erste Erfahrungen auf dem Pferderücken sammeln. Beim Ponyunterricht lernen die jungen Reiter dann die ersten Grundlagen des Reitens. „Für mich ist besonders der partnerschaftliche Umgang mit den Pferden wichtig", erzählt Gesa Bock. Deshalb müssen die Kinder sich vor dem Reiten auch um die Vierbeiner kümmern, d.h. von der Koppel holen, putzen und aufsatteln. Regelmäßig finden Lehrgänge statt, die mit einer Reitabzeichen-Prüfung enden. Die Schulpferde und -ponys dürfen im Sommer Tag und Nacht auf die Weide und genießen dort sogar mehrere Wochen Sommerferien. Für Pensionspferde stehen geräumige Boxen, Paddocks und Weiden bereit.

Gesa Bock bietet seit vielen Jahren heilpädagogisches Reiten auf ihren gutmütigen Ponys und Pferden an.

**Reitanlage Kastanienhof**
Gesa und Peter Bock
Ehlersdorfer Ring 14
24797 Ehlersdorf/Bovenau
Tel: 04331-92651

Geländepark Marienhof – Kreis Stormarn

# Ein Geländepark mit 40 Hindernissen

Christine Scholvien leitet auf dem Geländepark Marienhof die Ausbildung der Reitschüler in der Dressur, im Springen und in der Vielseitigkeit bis Klasse M. Der Spaß am Reiten ist die Grundlage des Unterrichts der ehemaligen erfolgreichen Vielseitigkeitsreiterin. Zusammen mit ihrem Ehemann Thorsten betreibt sie den Betrieb in Heidekamp seit 20 Jahren. Den Einstellern und auch Besuchern stehen zwei Reithallen und zwei Außenreitplätze zur Verfügung. Die Gastpferde sind in 40 großzügigen und hellen Außenboxen untergebracht. Zudem können sich die Pferde auf Sommerweiden und Gruppenpaddocks ausgiebig bewegen.

Darüber hinaus gibt es einen in Schleswig-Holstein wohl einmaligen Geländeplatz mit einer Fläche von 4,5 Hektar. „Das ist wirklich etwas Besonderes", sagt Christine Scholvien. Auf dem weitläufigen Gelände befinden sich 40 Hindernisse, zwei Teiche und Gräben. „Da ist für jeden etwas dabei", meint die Ausbilderin. Hier trainieren Vielseitigkeitsreiter, aber auch Dressur- und Springreiter ihre Pferde. Da das Niveau der Hindernisse den Anforderungen von E- und A-Geländeprüfungen entspricht, kommen insbesondere auch Kinder und Jugendliche auf ihre Kosten. Gegen eine geringfügige Gebühr können auswärtige Reiter den Geländepark ebenfalls nutzen. Für Reiter ohne eigenen Vierbeiner stehen gut ausgebildete Schulpferde und –ponys zur Verfügung, mit denen die Reitschüler auch an Reitabzeichenlehrgängen teilnehmen können. Schließlich finden auf dem Hof regelmäßig Geländelehrgänge statt, zum Teil auf Initiative des Vielseitigkeitsfördervereins von Schleswig-Holstein und Hamburg.

**Geländepark Marienhof**
Christine und Thorsten Scholvien
Heilsaustraße 6
23858 Heidekamp
Tel.: 04533-61530
Fax: 04533-61641
Mobil: 0171-3143727
E-Mail: *info@gelaendepark-marienhof.de*
*www.gelaendepark-marienhof.de*

*Hier macht Geländetraining Spaß*

Mörkenhof – Landkreis Schleswig-Flensburg

# Natur pur: In Nachbarschaft mit Wisenten

Mitten in Schleswig-Holstein entsteht mit dem Möhrkenhof in Kropp eine Naturoase auf einem 183 Hektar großen Areal. Hiervon sind ca. unberührte 100 Hektar abgeschottet für die Auswilderung der Wisente, Europäische Bisons, die in den 20er Jahren vom Aussterben bedroht waren. Einige Tiere können jedoch in einem Schaugehege besichtigt werden.

Der Möhrkenhof ist neu erbaut. Wichtig war hierbei die natürliche Gestaltung. Die Reitanlage verfügt über eine 20 x 60 m Reithalle aus Holz, damit sie sich ganzheitlich in den Naturraum einfügt. 25 Paddockboxen sowie 19 Innenboxen gehören ebenso zu der Anlage wie ein Solarium, eine Waschbox und ein Außenwaschplatz. Um vor dem Wetter geschützt zu sein, gibt es am Dressurviereck eine Bühne. Zudem sind ein 50 x 80 m Grasspringplatz und ein Longierzirkel vorhanden. Auf dem Gelände befinden sich drei Kilometer Reitwege und ein Geländeparcours, angeschlossen an die öffentlichen Reitwege.

Wer Ruhe und Entspannung sucht, entdeckt an dem in die Natur eingebetteten Teich bestimmt ein lauschiges Plätzchen. Große Weideflächen gehören ebenfalls zu Anlage. In Planung sind Ferienhäuser und auch Wohnmobilstellplätze, sodass Pferdebesitzer in unmittelbarer Nähe zu ihrem Pferd wohnen und Ferien machen können. Um das ganzheitliche Konzept abzurunden, soll ein Restaurationsbetrieb mit zusätzlichem Clubraum entstehen.

**Möhrkenhof**
Dipl.-Ing. Heike Zemitzsch
Wisentring 12
24848 Kropp
Tel.: 04624-80520
Fax: 04624-805222
E-Mail: info@moehrkenhof.de
www.moehrkenhof.de

*Für Pferdebesitzer ein Traum: Wohnen direkt am Reitstall*

PENSIONSSTÄLLE

Möschenhof – Reitstall Diedrichs – Kreis Segeberg

# Top-Pferde für die Reitschüler

Auf dem Möschenhof in Alveslohe fühlen sich Freizeit- und Turnierreiter, aber auch Reitschüler wohl. Die Schulpferde sind sehr gut ausgebildet und starten sogar auf Turnieren. „Das ist schon etwas Besonderes", sagt Antje Diedrichs, „wir haben wirklich sehr gute Pferde für unsere Reitschüler, vor allem Holsteiner." Die Schulpferde werden von den Reitlehrern, wie z.B. Fabian Giese, regelmäßig Korrektur geritten. Wenn Reitschüler besonders gute Leistungen bringen, dürfen Sie mit ihrem Schulpferd auf Turnieren starten.

Für die kleinen Reiter (Kinder von vier bis ca. 13 Jahre) wird Reitunterricht auf zuverlässigen Schulponys angeboten. Auch die jüngeren Reitschüler dürfen bei guten Leistungen mit den Schulponys zu Turnieren fahren.

Der Reit- und Fahrverein Möschenhof, der auf dem Betrieb beheimatet ist, bietet zudem regelmäßig Dressur- und Springlehrgänge, Reitabzeichen-Prüfungen und Ausritte an. Mehrmals im Jahr finden darüber hinaus Hausturniere statt.

Familie Diedrichs bezog 1980 den Möschenhof, gründete den Reitstall Diedrichs und begann, diesen zu einer modernen Reitanlage aufzubauen. Das Angebot: u.a. eine Reithalle (20 x 40 m), eine kleinere Halle (15 x 30 m) zum Longieren oder freien Laufen lassen, zwei Außenvierecke und ein fester Springplatz. Des Weiteren gibt es eine Sommerweide sowie ein Winterpaddock. Lange Sandwege in einer reizvollen Landschaft laden zu ausgedehnten Ausritten ein.

**Möschenhof – Reitstall Diedrichs**
Antje Diedrichs
In de Möschen 13
25486 Alveslohe
Tel.: 04193-4730
Fax: 04193-95475
E-Mail: *info@moeschenhof.de*
*www.moeschenhof.de*

*Auf dem Möschenhof finden regelmäßig Turniere statt.*

Pferdezentrum Fister – Landkreis Pinneberg

# Sport und Wellness unter einem Dach

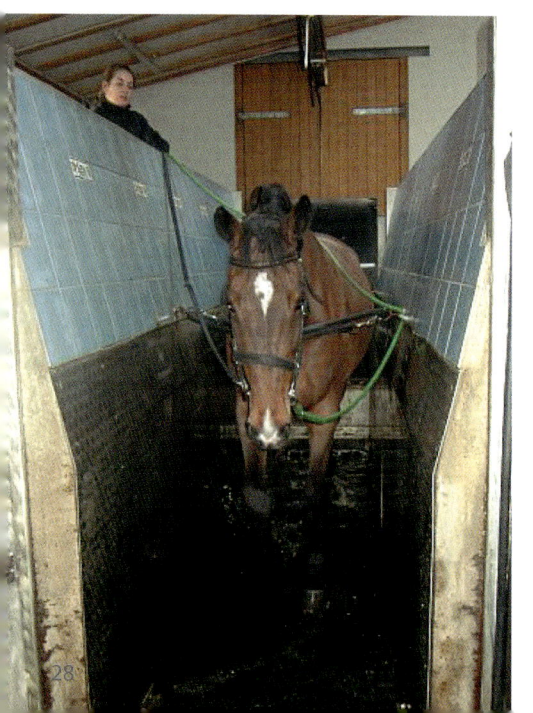

Pferdesport und Gesundheit liegen im Pferdezentrum Fister in Bilsen eng zusammen. Hier hat sich Dr. Dirk Fister zusammen mit seiner Ehefrau Andrea einen Traum verwirklicht. Die großzügige Anlage besteht aus einer Pferdeklinik, einem Pensionsbetrieb und einem Reha-Zentrum mit Aquatrainer. „Wir bieten ein wirklich großes Spektrum an Diagnose, Therapie und Rehabilitation im medizinischen sowie Ausbildung von Pferd und Reiter im sportlichen Bereich", sagt Andrea Fister. Reiter aus ganz Deutschland und auch dem Ausland bringen ihre Pferde nach Bilsen, wo von einem fachkompetenten Team unterstützt von modernster Technik Ursachen z.B. einer Lahmheit erforscht werden.

*Fit durch das Wassertreten*

Im Rehabilitationzentrum werden Pferde nach überstandener Krankheit körperschonend wieder antrainiert. Das Wassertreten wird vor allem in den USA und England als Aufbau- und Konditionstraining für Pferde genutzt. „Wir haben schon sehr gute Erfolge mit unserem Aquatrainer erzielen können", sagt Andrea Fister. „Die Pferde bewegen sich gegen den Wasserwiderstand, wodurch Muskeln aufgebaut und Sehnen entlastet werden." Im Anschluss an das Aquatraining werden die Pferde longiert, um den Trainingseffekt zu verstärken.

Dressur- und Springreiter finden in dem angrenzenden Pensionsbetrieb optimale Trainingsbedingungen. S-Reiterin Esther Brumme ist für die Dressurausbildung zuständig, Lars Bak Andersen fördert die Springreiter. Die Einsteller können neben der Reithalle, dem Außenreitplatz, der Führanlage und der Galopprennbahn auch den Aquatrainer benutzen.

Seit fünf Jahren gibt es auch einen Verein: Die „TSG Pferdezentrum Fister". Ziel ist vor allem, das einmal im Jahr stattfindende Jugend- und Juniorenturnier zu organisieren. Der Verein informiert die Mitglieder auch über Seminare und Lehrgänge.

**Pferdezentrum Fister**
Andrea Fister
Kieler Straße 27
24485 Bilsen
Tel.: 04106-75450
Fax: 04106-7667811
E-Mail: *info@pferdezentrum-fister.de*
*www.pferdezentrum-fister.de*

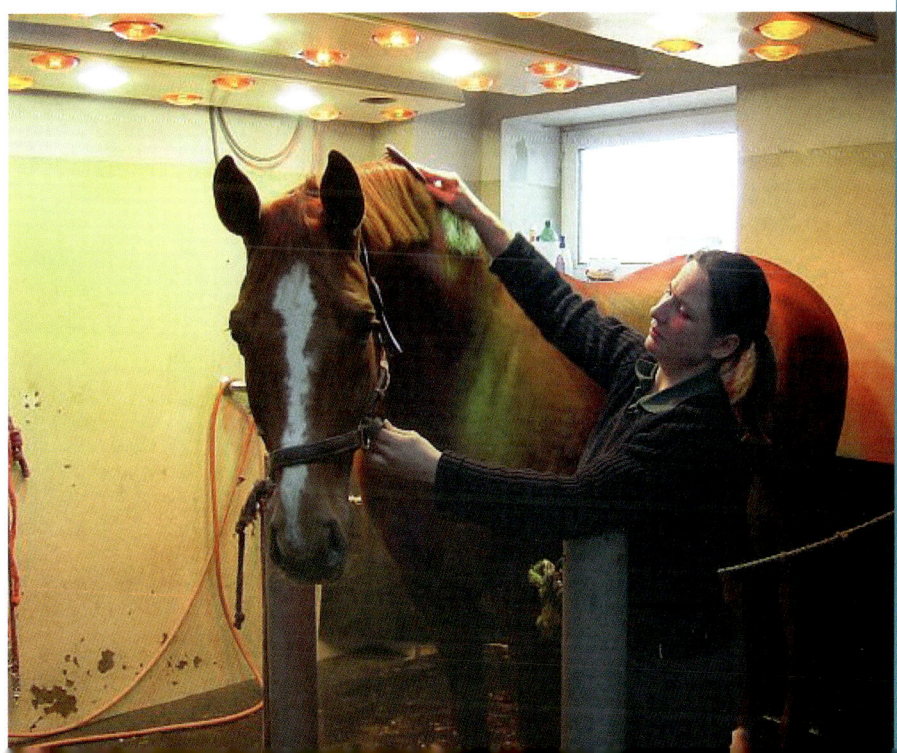

Hof Otzen – Pferdepension und HIT-Aktivstall – Landkreis Schleswig-Flensburg

# Hier ist gut Pferd sein

*In der Herde fühlen sich Pferde am wohlsten.*

Der Hof Otzen liegt an der Geltinger Bucht, ca. 20 Kilometer von Flensburg entfernt. Die Betreiber Isabel und Frank Peter Otzen haben den Familienbetrieb in den vergangenen Jahren zu einem schönen Refugium für Pferde und Reiter ausgebaut. „Wenn man auch im ländlichen Raum seine Reitkundschaft ansprechen möchte, muss man sich schon etwas einfallen lassen, um mit anderen Betrieben konkurrieren zu können", sagt Isabel Otzen. Deshalb haben sich die Eheleute 2006 entschlossen, einen HIT-Aktivstall zu bauen. Isabel und Frank Peter Otzen nutzten u.a. eine alte Scheune des Traditions-Betriebes, um ihr Konzept zu realisieren. Hier entstand eine Liegehalle, die mit Stroh eingestreut, von den Pferden gerne angenommen wird. „Es hat eine Weile gedauert, bis unser moderner Bewegungsstall anlief", erzählt Isabel Otzen, „aber nun haben wir viele Pensionsgäste, die begeistert sind." Ein Vorteil dieser Haltungsform sei, dass die Pferdebesitzer nicht jeden Tag reiten müssten, da die Pferde sich den ganzen Tag bewegen. 2008 zeichneten die Deutsche Reiterliche Vereinigung (FN) und die Reiter Revue den Betrieb als Bundessieger im Wettbewerb „Unser Stall soll besser werden" aus.

Darüber hinaus gibt es auf der schönen Hofanlage auch einen Stalltrakt, in dem die Pferde in geräumigen Boxen stehen. Als Auslauf stehen ca. 12 Hektar Weiden und Paddocks zur Verfügung. Im Sommer 2009 wurde ein wetterfester Außenreitplatz fachgerecht angelegt. Das Ehepaar Otzen setzt sich zudem dafür ein, das Reitwegenetz weiter auszubauen.

**Isabel & Frank Peter Otzen**
Gintoft 12
24972 Steinbergkirche
Tel.: 04632 – 578
E-Mail: *info@pferdepension-gintoft.de*
*www.pferdepension-gintoft.de*
*www.aktivstall-gintoft.de*
*www.reitwege-geltinger-bucht.de*

**Kalles Insider-Tipp**
Der Wettbewerb „Unser Stall soll besser werden" findet jedes Jahr unter der Schirmherrschaft der Deutschen Reiterlichen Vereinigung (FN) statt. Gesucht werden Pferdebetriebe, Reitvereine oder Stallgemeinschaften, deren Pferdehaltung durch eine Stallsanierung, -erweiterung oder durch Neubau optimiert wurde. Den besten drei Betrieben winken interessante Preise.

Gut Mechow – Landkreis Herzogtum Lauenburg

# Historische Gutsanlage direkt am See

Wer sein Pferd artgerecht halten möchte, ist auf Gut Mechow bestens aufgehoben. Seit 2004 betreibt die Familie Schardey mit viel Liebe zum Detail einen Aktivstall, der von der Laufstall-Arbeitsgemeinschaft LAG mit fünf Sternen ausgezeichnet wurde. Auf über 2000 Quadratmetern leben die Pensionspferde in zwei Gruppen, getrennt nach Stuten und Wallachen. Die Plätze für die Fütterung, für die Tränken, den Ruheraum und den Auslauf befinden sich an verschiedenen Orten. Die Vierbeiner werden zudem über ein vollautomatisches Fütterungssystem versorgt. „Wir glauben, dass dies die artgerechteste Pferdehaltung ist", sagt Gert Schardey.

Auch für die Pferdebesitzer sei diese Haltung von Vorteil: „Man braucht kein schlechtes Gewissen zu haben, wenn man mal keine Zeit hat zu reiten, denn die Pferde bewegen sich ja den ganzen Tag." Wer möchte, kann aber auch eine Paddockbox wählen, die mit Bodenrastern ausgestattet ist. Dadurch stehen die Pferde auch bei länger andauerndem Regen im Trockenen. Die Einsteller können zudem eine Reithalle, einen Außenreitplatz und einen gemütlichen Aufenthaltsraum nutzen. Verschiedene Reitlehrer bieten Unterricht an, darüber hinaus finden das ganze Jahr über Lehrgänge und Seminare statt.

Die historische Gutsanlage liegt direkt am Mechower See im Naturschutzgebiet Schaalsee. Menschen und Tiere finden hier Ruhe und Entspannung. Wer möchte, kann in den drei komfortabel ausgestatteten Ferienwohnungen auch den Urlaub verbringen. Selbstverständlich stehen Gastboxen bereit. Der Seerundweg (acht Kilometer) lädt zu einem schönen Ausritt ein, Nichtreiter können die Wander- und Fahrradwege nutzen. Am See gibt es zudem mehrere Badestellen. Kinder kommen beim Ponyreiten auf ihre Kosten.

*Das Gutshaus inmitten herrlicher Natur*

**Gut Mechow**
Claudia Mey-Schardey
Dorfstraße 17
23909 Mechow
Tel.: 04541-803038
Fax: 04541-803041
Mobil: 0172-7402902
E-Mail: *info@gut-mechow.de*
*www.gut-mechow.de*

Die Laufstall Arbeitsgemeinschaft besteht seit 1989. Ziel ist die artgerechte Pferdehaltung in allen Beziehungen zu fördern. Weil die Arbeitsgemeinschaft dies auf breiter Basis verfolgt, ist sie als gemeinnütziger Verein anerkannt. Mehr Infos unter **www.lag-online.de**

# Ausbildung von Pferd und Reiter

Die meisten Reiter haben ganz klein angefangen: beim Voltigieren oder im Ponyunterricht. Viele Reitbetriebe in Schleswig-Holstein bieten Kindern und Jugendlichen qualifizierten Unterricht auf Schulponys und kleineren Pferden. Dort lernen die jungen Reiterinnen und Reiter nicht nur, wie man auf einem Vierbeiner sitzt, treibt und Lektionen reitet, sondern auch den partnerschaftlichen Umgang mit dem Lebewesen Pferd.

Wer sich dann die ersten „Sporen" verdient hat, kann den Schulunterricht auf Großpferden fortsetzen oder sich sogar ein eigenes Pferd kaufen. Viele junge Reiterinnen und Reiter entdecken dann ein Talent für eine bestimmte Disziplin, z.B. Dressur, aber auch Springen oder Vielseitigkeitsreiten, und beginnen, erste Turniererfahrungen zu sammeln.

Reitlehrerinnen und Reitlehrer für die Disziplinen Dressur und Springen stehen den Einstellern auf fast allen Pensionsbetrieben zur Verfügung. Aber auch das Western- und Barockreiten findet in Schleswig-Holstein immer mehr Anhänger. Oftmals sind diese Ausbilder mobil unterwegs, bieten also ihren Unterricht auf verschiedenen Pferdebetrieben an. Es ist nicht immer leicht, den richtigen Reitlehrer für die eigenen Bedürfnisse zu finden. Ein ambitionierter Turnierreiter hat andere Ziele als ein Freizeitreiter oder Wiedereinsteiger. Oft hilft es, sich im eigenen Stall einmal umzuhören und sich mit anderen Reitern oder Stallkollegen auszutauschen.

Nicht jeder kann zudem etwas mit Reiterlehrern und Reiterlehrerinnen vom „alten Schlag" anfangen, die streng und oft auch laut jeden reiterlichen Fehler korrigieren. Diese Reiterinnen und Reiter wünschen sich einen einfühlsameren Unterricht und streben es an, ihren Partner Pferd besser zu

*Die ersten Turnierstarts sind für jugendliche Reiter etwas Besonderes.*

*Zu Beginn der Ausbildung stehen spielerische Übungen auf dem Programm*

verstehen. Ausbilder, die Ihren Unterricht nach den Grundsätzen des „Horsemanships" gestalten oder vielleicht auch das Reiten als Gesundheitssport begreifen, sind für diese Reitschüler gut geeignet. Gerade für Wiedereinsteiger steht nicht die Leistung, sondern der Spaß am Reiten im Vordergrund. Die Pferdefreunde sind glücklich, wenn sie nach einigen Reitstunden in der Halle oder an der Longe endlich ins Gelände reiten dürfen. Turnierreiter wollen sich weiter entwickeln und brauchen auch einmal „Druck", um bessere Leistungen zu erzielen. Für sie ist es auch wichtig, dass ihre Reitlehrer selbst erfolgreich im Reitsport sind.

Die Ausbildung von Pferden gehört grundsätzlich in die Hände von Profis. Es gibt den Bereiter-Spruch: „Was Hänschen nicht lernt, lernt Hans nimmer mehr" – und da ist viel Wahres dran. Bereits Fohlen sollten schon lernen, am Halfter zu gehen, die Füße zu heben und den Mensch als „Chef" zu akzeptieren. Mit drei bis vier Jahren beginnt für das junge Pferd dann der Ernst des Lebens. Wichtig ist eine vielseitige Ausbildung der Remonte, auch wenn später eine Spezialisierung auf das Dressurreiten oder Springen angestrebt wird. Gute Ausbilder lassen sich Zeit und versuchen nicht, ein junges Pferd binnen weniger Monate „fertig zu machen." Grundlage der Ausbildung muss immer die – auch von der Reiterlichen Vereinigung FN propagierten – Skala der Ausbildung sein: Takt, Losgelassenheit, Anlehnung, Schwung, Geraderichten und Versammlung. Dies gilt übrigens nicht nur für die Englische Reitweise, sondern auch für das Barock- und Westernreiten.

Kalles Insider-Tipp: Wer sich kein eigenes Pferd oder Pony leisten kann, findet eine passende Reitbeteiligung. Am besten ist es, eine entprechende Anzeige im Reitstall an das schwarze Brett zu heften. Die Reitbeteiligung übernimmt einen Teil der Kosten, meistens zwischen 50 und 100 Euro und darf dafür zwei oder drei Mal die Woche reiten.

Reitunterricht für Schleswig-Holstein Andrea Albrecht – Landkreis Schleswig-Flensburg

# Reiten als Gesundheitssport: Fit für`s Pferd

Andrea Albrecht ist Trainerin A der Deutschen Reiterlichen Vereinigung (FN) und Ausbilderin im Reiten als Gesundheitssport. Auf ihrem Hof in Dannewerk in der Nähe der Schlei bietet die erfolgreiche Dressurreiterin zusammen mit ihrer Mutter und ihrer Schwester ein vielfältiges Angebot: Reitunterricht für Kinder, Jugendliche, erwachsene Anfänger, Wiedereinsteiger und fortgeschrittene Reiter, aber auch Kurse und Reitabzeichenlehrgänge.

Andrea Albrecht vermittelt ihren Schülern zudem verschiedene Aspekte des Reitens als Gesundheitssport. In der präventiven Rückenschule auf dem Pferd können die Teilnehmer gezielt Muskeln aufbauen und die Band- und Gelenkfunktionen ihrer Wirbelsäule mobilisieren. „Zu mir kommen zum Beispiel Mütter, die Rückenprobleme haben, weil sie ihre Kinder viel herum tragen", erzählt die Ausbilderin. Aber auch haltungsgefährdete Kinder und Jugendliche sind bei ihr herzlich willkommen. Die Bewegungen des Pferdes lösen bei den Schülern ganzheitliche Körperreaktionen aus, die sich in Verbindung mit speziellen Bewegungsübungen positiv auf den gesamten Bewegungsapparat eines Reiters auswirken können. Das Kursangebot „Fit für`s Pferd" richtet sich darüber hinaus an Reiter, die intensiv ihren Sitz verbessern wollen. Durch gezielte Übungen werden Koordination und Beweglichkeit geschult.

Andrea Albrecht (Jahrgang 1969) begann bereits als Kind mit dem Reiten.1989 absolvierte sie bei Uwe Wichmann in Hamburg-Harburg ihre Reitwartprüfung und erwarb 2004 die Zusatzqualifikation „Ausbilder im Reiten als Gesundheitssport" bei Dr. Christine Heipertz-Hengst. Seit 2005 ist sie zudem Dressurausbilderin Trainer A. Während ihrer gesamten reiterlichen Laufbahn ritt sie überwiegend junge Pferde (drei- bis fünfjährig) und nahm kontinuierlich an Aus- und Fortbildungen für Dressurreiter und Ausbilder teil. Seit zwei Jahren hat sich die Reiterin auch einen Namen als Therapeutin für Pferdeosteopathie, Pferdephysiotherapie, als Akupunkteurin für Pferde und als Therapeutin für Hundeosteopathie gemacht. Zudem bietet sie cranio-sakrale Therapie für Hunde und Pferde an. „Ja, meine Arbeit hat sich besonders bei den Hundebesitzern herum gesprochen", sagt gebürtige Schleswigerin.

*Viel Spaß in der Rückenschule zu Pferde*

**Reitunterricht für Schleswig-Hostein**
Andrea Albrecht
Dorfstraße 47
24867 Dannewerk
Tel.: 0172-1863720
E-Mail: info@ich-reite.de
www.ich-reite.de
www.osteopathie-fuer-tiere.de

*Markus Waterhues ist bis zur schweren Klasse erfolgreich.*

Hof Norwegen Markus Waterhues – Landkreis Schleswig-Flensburg

# Dressurausbildung auf höchstem Niveau

„Die Dressurausbildung von Pferd und Reiter steht bei uns an erster Stelle", sagt Helga Waterhues, die zusammen mit ihrem Mann Markus den Hof Norwegen in Mohrkirch betreibt. Der Pferdewirtschaftsmeister bietet individuellen Unterricht für Dressurreiter verschiedener Ausbildungsstände bis zur Klasse S auf höchstem Niveau an. Basis der Ausbildung ist der feine Dialog zwischen Pferd und Reiter, der nur bei innerer Losgelassenheit des Schülers möglich ist. Markus Waterhues setzt moderne Methoden ein, z.B. die Videoanalyse, um seinen Reitschülern seine Ziele optimal vermitteln zu können. Der Dressurreiter nimmt auch Pferde in Beritt und stellt diese auf Turnieren vor.

Auf dem Reiterhof Norwegen finden zudem regelmäßig Reitsportveranstaltungen, Turniere, Reitlehrgänge und Reiter- sowie Pferdeseminare mit bekannten Persönlichkeiten aus der Reitsportszene statt.

Den modernen und tierärztlichen Anforderungen entsprechend verfügt die Reitanlage in Zusammenarbeit mit dem FEI-Tierarzt Martin Hinrichsen über Pferderehabilitationseinrichtungen. Dazu gehören unter anderem eine moderne Führanlage, ein ergonomisch, modernes Laufband für die Pferdeheilung und ein Außenallwetterplatz. Die positiven Auswirkungen des Laufband-Trainings auf die Leistungsfähigkeit des Pferdes werden in allen Disziplinen des Pferdesports geschätzt. Helga Waterhues bietet auch Reiterferien für die Familie an. Die Gäste wohnen in komfortablen und gemütlichen Ferienwohnungen. Während die kleinen Reiter Unterricht erhalten, können die Eltern auf dem nahe gelegenen 9-Loch-Golfplatz eine schöne Runde spielen.

**Hof Norwegen**
Helga und Markus Waterhues
24405 Mohrkirch
Tel.: 04646-897
Fax: 04646-990381
E-Mail: *info@hof-norwegen.de*
*www.hof-norwegen.de*

Reitanlage Schwedeneck – Landkreis Rendsburg-Eckernförde

# Mounted Games – Susann Müller-Timm: „Da bekommt man sogar Jungen in den Sattel..."

Die Küstenregion Schwedeneck befindet sich zwischen der Eckernförder Bucht, der Kieler Förde und dem Nord-Ostsee Kanal und ist eine beliebte Urlaubsregion. Hier im sogenannten Dänischen Wohld befindet sich die Reitanlage von Susann Müller-Timm und Jürgen Müller. Das Ehepaar baute den ehemaligen landwirtschaftlichen Betrieb mit Milchviehhaltung und Ackerbau zu einem modernen Pferdepensionsstall mit Reithalle, Roundpen, Außenplatz, Laufstall und Außenboxen um. Hier fühlen sich, auf großzügigen Sommer- und Winterkoppeln, Dressur-, Spring- und Freizeitreiter, aber auch Reitschulkinder, Trakehner, Shettys und Gnadenbrotpferde wohl.

Susann Müller-Timm ist als geprüfte FN-Reitlehrerin und Reitpädagogische Betreuerin für den Ponyunterricht zuständig, veranstaltet aber auch Ponyerlebnistage, Kindergeburtstage, Mutter-Kind-Kurse und Ferienspaßwochen.

Die 47-jährige legt viel Wert auf einen behutsamen Umgang mit ihren Reitschülern und versucht ihnen Geduld, Verständnis, aber auch Spaß an der Bewegung mit den Vierbeinern zu vermitteln. Besonders am Herzen liegt der Mutter von zwei eigenen und einem Pflegekind die Ausbildung der jungen Reiter in der Disziplin Mounted Games. „Das ist so ein toller Sport!", schwärmt die Ausbilderin. Normalerweise sei das Reiten etwas

*Geschicklichkeit ist bei den Mounted Games gefragt.*

**Katies Insider-Tipp**

Es gibt einen Verband für Reiterspiele Mounted Games in Deutschland. Auf der Webseite **www.mounted-games.de** sind die Regeln und einzelnen Spiele aufgelistet und beschrieben. Darüber hinaus gibt es einen aktuellen Terminkalender.

für Einzelkämpfer: „Mounted Games ist aber ein Mannschaftssport, und da bekommt man sogar mal die Jungen in den Sattel", sagt sie lachend.

Mounted Games sind Reiterspiele zu Pferde oder auf Ponys. Da gibt es jede Menge Spiele, bei denen vor allem Geschicklichkeit, Schnelligkeit und Harmonie zwischen Pony oder Pferd und Reiter gefragt ist. Diese „Games" kommen eigentlich aus England und haben deshalb englische Bezeichnungen, wie zum Beispiel das „Bang-a-Ballon" genannte Luftballonstechen. Es gibt Mannschafts-, Paar- und Einzelwettbewerbe.

Auf der Reitanlage Schwedeneck ist der Reitverein Double Touch Schwedeneck und Umgebung beheimatet, der 2005 gegründet wurde. Es gibt eine Mannschaft Gelb, eine Mannschaft Blau und eine Jugendmannschaft. Susann Müller-Timm trainiert die Kinder und Jugendlichen und fährt mit ihnen zu Turnieren, die meistens über zwei Tage dauern. Die Pferde oder Ponys werden auf Koppeln in Paddocks untergebracht und die Reiter und Eltern zelten nebenan: „Das ist sehr aufwendig, gerade auch für die Kinder, aber es macht allen unheimlich viel Spaß."

**Reitanlage Schwedeneck**
Susann Müller-Timm und Jürgen Müller
Kieler Straße 21
24229 Schwedeneck
Tel.: 04308-182846
Mobil: 0175-2066369
E-Mail: *info@reitanlage-schwedeneck.de*
*www.reitanlage-schwedeneck.de*

**AUSBILDUNG VON PFERD UND REITER**

Turnier- und Ausbildungsstall Hof Schluensee Oliver Polster – Landkreis Plön

# Oliver Polster: „Schleswig-Holstein ist ein Pferdeland."

Oliver Polster bildet auf dem Gestüt Hof Schluensee in Grebin junge Pferde bis zur Grand-Prix-Reife aus. „Für mich ist es sehr wichtig, den Remonten Zeit zu lassen, sich zu entwickeln", sagt der Pferdewirtschaftsmeister. Basis seiner Arbeit sei die Reitlehre der Deutschen Reiterlichen Vereinigung FN. Sein Ziel sei es, die Pferde so auszubilden, dass sie bis ins hohe Alter erfolgreich sind: „Geduld ist dabei ein wichtiger Faktor", so der bis zur schweren Klasse erfolgreiche Turnierreiter. Polster bildet die ihm anvertrauten Pferde vielseitig aus. Neben der Dressur-Arbeit steht für die Pferde auch Spring- und Geländetraining auf dem Programm. Paddocks und Weiden sorgen für Entspannung und Wohlbefinden und sind für Polster ein wichtiger Ausgleich zum täglichen Training. Auf dem Hof Schluensee gibt es zudem gemütliche und geschmackvolle Ferienapartments. Pferdebesitzer können hier direkt neben ihren Vierbeinern eine angenehme Zeit verbringen.

*Oliver Polster mit einem Nachwuchshengst*

*Oliver Polster mit der Stute „All my life"*

Oliver Polster (Jahrgang 1969) absolvierte zunächst eine Lehre zum Bankkaufmann, bevor er sich in Medingen zum Pferdewirt (Schwerpunkt Reiten) ausbilden ließ und diese Ausbildung mit Auszeichnung beendete. Anschließend war er auf dem Klosterhof Medingen als Bereiter und auf dem Landgestüt Prussendorf als Leiter der Hengstprüfungsanstalt tätig. 2002 erfolgte dann die Ausbildung zum Pferdewirtschaftsmeister Zucht und Haltung, ein Jahr später bestand er als Lehrgangsbester die Prüfung zum Besamungswart. Schließlich zog Polster nach Schleswig-Holstein, um sich einen eigenen Betrieb aufzubauen, zunächst auf dem Gestüt Griebeler Höh und seit 2007 auf Gestüt Hof Schluensee der Familie Timm.

Oliver Polster hat in dem Land zwischen den Meeren ein neues Zuhause gefunden: „Schleswig-Holstein ist ein Pferdeland", meint der Ausbilder, „hier gibt es so viele hervorragende Züchter und tolle Veranstaltungen und Turniere."

**Turnier- und Ausbildungsstall**
Oliver Polster
**Hof Schluensee**
Behler Weg 48
24329 Grebin
Tel.: 04383-518181
Fax: 04383-518469
Mobil: 0173-3003817
E-Mail: info@oliver-polster.de
www.oliver-polster.de

*Ilka Schlüter ist Westerntrainerin B.*

Ilka und Kristin Schlüter, Trainer B Westernreiten, Leistungssport – Landkreis Rendsburg-Eckernförde

# Ilka Schlüter: „Wir holen die Schüler dort ab, wo sie stehen"

Ilka Schlüter und ihre Tochter Kristin erteilen mobilen Westernreitunterricht. Die beiden B-Westerntrainerinnen bieten nur Einzelunterricht (45 Minuten) an, denn sie sind davon überzeugt, dass Reitschüler beim „Hintereinanderreiten" nicht viel lernen können. „Mir ist es sehr wichtig, individuell auf das Mensch-Pferd-Team einzugehen", sagt Ilka Schlüter, „wir holen unsere Schüler dort ab, wo sie stehen." Das Angebot der beiden Frauen richtet sich an Umsteiger, Anfänger und Fortgeschrittene, Turnierreiter und auch Männer, die vom „Mythos Cowboy" fasziniert sind.

Ilka Schlüter reitet seit ihrer Kindheit, zunächst Klassisch Englisch in den Disziplinen Dressur und Springen, dann sammelte sie Erfahrungen beim Jagdreiten, bis sie 1992 die Westernreitweise für sich entdeckte: „Mich fasziniert, dass der Weg zu einem Ausbildungsziel beim Westernreiten variabler ist", sagt die Ausbilderin. „In der englischen Reitweise sind die Richtlinien bis in die Art und Weise der Hilfegebung festgelegt." Auch bei dieser aus Amerika stammenden Reitweise sei die Skala der Ausbildung der rote Faden, der sich durch den gesamten Ausbildungsweg zieht, so Ilka Schlüter. Takt, Losgelassenheit, Nachgiebigkeit, Aktivierung der Hinterhand, Geraderichten und am Ende die Versammlung bzw. absolute Durchlässigkeit seien sehr wichtig: „Auf diese Weise ist das Ziel der harmonischen Zusammenarbeit von Reiter und Pferd realisierbar. Ein durchlässiges Westernpferd benutzt seine Hinterhand als eine tragende Säule, vergleichbar einem Motor, es wölbt seinen Rücken auf und trägt Hals und Kopf in natürlicher Selbsthaltung, folgt den feinen Signalen des Reiters und kann selbstständig ausbalanciert die Manöver des Westernreitsports ausführen."

Ihre Tochter Kristin, ebenfalls Westerntrainer B, kam durch ihre Mutter zum Westernreiten. Zuvor ritt die Ausbilderin Klassisch Englisch und startete auf Turnieren in Dressur- und Springprüfungen. Einige Jahre war sie auch im Mounted-Games-Sport aktiv und erfolgreich, bis sie sich endgültig für das Westernreiten entschied.

Das Angebot der mobilen Westernreitschule von Ilka und Kristin Schlüter ist sehr vielfältig. Neben dem Einzelunterricht stehen Events und Kurse auf dem Programm, z.B. Bodenarbeit, Kurse mit Videoanalyse und Verladetraining. Ilka und Kristin beraten ihre Kunden auch gern beim Pferdekauf und bei der Auswahl des Equipements. Die Reise zum „Schlachter" ist für Ilka Schlüter kein Tabuthema. Die Pferdefrau hat auch selbst diesen schweren letzten Weg mit einigen ihrer Tiere gehen müssen und kann sich

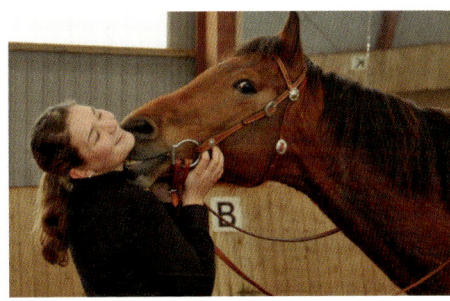

*„Kiki" Schlüter erteilt neben Western- auch Klassischen Unterricht.*

daher sehr gut in die Situation eines Pferdebesitzers, der vor dieser Entscheidung steht – Einschläfern oder Schlachter – hineinfühlen und begleitet auch diese Art von Transport. Schließlich ist es möglich, Ilka und Kristin Schlüter zu bestimmten Themen, z.B. „Gebiss und Zaumzeug", „Erste Turniervorbereitungen" oder „Wie longiere ich richtig?" als Referentin zu buchen.

Ilka und Kristin Schlüter
Westerntrainer B
Rosenweg 12
24229 Dänischenhagen
Tel.: 04349-1098
Mobil: 0179-1485137
*www.horseman-online.de*

Gestüt & Dressurstall Grönwohldhof – Landkreis Stormarn

# Ausbildung von Pferd und Reiter bis zur Grand Prix Reife

Vor den Toren Hamburgs befindet sich eine der führenden Stätten der Zucht und Reiterei. 1969 erwarb Otto Schulte-Frohlinde den Grönwohldhof, der sich dann ab 1974 zusammen mit Karin und Herbert Rehbein zu einem international gefragten Dressur-Trainingszentrum entwickelte. Das Ehepaar errang zahlreiche sportliche Erfolge. Herbert Rehbein gewann u.a. sieben Mal das deutsche Championat der Berufsreiter und siegte neun Mal beim Hamburger Derby. Seine Ehefrau Karin gewann u.a. 1994 mit dem unvergessenen Ausnahmehengst Donnerhall Mannschaftsgold bei den Weltmeisterschaften in Den Haag und Einzelbronze.

Der Name Donnerhall ist mit dem Gestüt & Dressurstall Grönwohldhof eng verbunden. Der 2002 verstorbene Dunkelfuchs hat sich mit 100 gekörten Söhnen sowie 450 eingetragenen Stuten, davon fast 200 Staatsprämienstuten, den Ruf als Ausnahmevererber redlich verdient. Dazu hat sicherlich auch das kompetente Zuchtmanagement des Gestüts beigetragen. Bereits 1990 wurde dort die

*Falk Rosenbauer mit „Desperados"*

zweite EU-Besamungsstation anerkannt. Alle in Grönwohld stationierten Hengste werden ausschließlich in der Frischsamenübertragung eingesetzt. Doch damit nicht genug: „Unsere Hengste werden nicht nur zur Zucht eingesetzt, sondern parallel weiter ausgebildet und auf Turnieren vorgestellt", sagt Stationsleiterin Susanne Pach. Züchter können ihre Stuten auf dem Grönwohldhof auch einstellen, bis sie trächtig sind, Problemstuten sind ebenfalls willkommen. Stationstierärztin Dr. Gitta Reimers, Stationsleiterin Susanne Pach sowie zuverlässige Mitarbeiter betreuen die Vierbeiner rund um die Uhr.

Der Grönwohldhof ist zudem eine erste Adresse für die Ausbildung von Pferden und Reitern bis zur Grand Prix Reife und bis schließlich zu den Olympischen Spielen. „Ich gebe mittlerweile überwiegend Unterricht", erzählt Karin Rehbein, „und das macht mir auch sehr viel Spaß." Sie selbst war Schülerin ihres 1997 leider sehr früh verstorbenen Ehemannes und führt auf diese Weise die Tradition fort. Herbert Rehbein unterstützte so international erfolgreiche Reiter u.a. wie Uwe Sauer, Kyra Kyrklund, Luise Nathorst, Beatrice Ferrer, Carol Lovell, Robert Dover, Lucinda Green und Kristy Oatley.

Heute steht Karin Rehbein ein hochkarätiges Team zur Seite, allen voran Falk Rosenbauer, der 1993 noch von Herbert Rehbein auf den Grönwohldhof geholt wurde. Der erfolgreiche Dressurreiter siegte u.a. 2010 beim 50. Deutschen Dressur-Derby in Hamburg mit dem von Donnerhall abstammenden Deckhengst Desperados und holte damit das Blaue Band erneut zum Grönwohldhof – so wie Jahre zuvor Karin und Herbert Rehbein.

**Gestüt und Dressurstall Grönwohldhof Schulte – Frohlinde**
Eiskeller 2
22956 Grönwohld
Tel.: 04154-599160
E-Mail: *info@groenwohldhof.com*
*www.groenwohldhof.com*

Hof Süderknöll – Kreis Dithmarschen

# Faszination Kutsche fahren

Wollten Sie schon immer einmal Kutsche fahren? Dann sind Sie auf dem Hof Süderknöll an der richtigen Adresse. Der Familienbetrieb liegt inmitten idyllischer Natur am Rande des kleinen Ortes Offenbüttel direkt am Nord-Ostsee-Kanal. „Wir bilden hier Anfänger, Fortgeschrittene und Leistungssportler bis S-Niveau aus", erzählt Betriebschef Holger Hinrichs, der von seiner Frau Maren und Tochter Sonja unterstützt wird. Die Fahrschule ist von der Deutschen Reiterlichen Vereinigung (FN) anerkannt. Der Fahrlehrgang IV und III wird zum Beispiel ein- und zweispännig geschult und umfasst 100 bis 120 Unterrichtseinheiten á 45 Minuten in Theorie und Praxis mit abschließender Prüfung.

Den Fahrschülern stehen erfahrene Ausbilder zur Seite. Cheftrainer ist Falko Mäkelburg, der bereits sechs mal Landesmeister Zweispänner Pferde war. Die Kutschfahrer in spe können auf Ein-, Zwei-, Vier- und Mehrspänner lernen und zwar mit Ponys oder Großpferden.

Der 5-Sterne-klassifizierte Pensionsstall gehört ebenfalls zum Hof. Den Einstellern stehen zwei große Reithallen, zwei Außenreitplätze und ein weitläufiges Ausreit- und Fahrgelände zur Verfügung. Die vierbeinigen Gäste sind in geräumigen Boxen untergebracht und genießen täglichen Weidegang.

Auf der Anlage werden regelmäßig Fortbildungen zum Reiten und Fahren angeboten. Darüber hinaus gibt es Abzeichenlehrgänge mit anschließender Prüfung gemäß der Ausbildungs-Prüfungs-Ordnung der FN. Auf Hof Süderknöll sind Reiter und Fahrer aller Disziplinen willkommen: „Für uns ist das herzliche Miteinander von Pferden und Menschen sehr wichtig", sagt Holger Hinrichs, der selbst erfolgreich im Fahrsport war.

Wer nach einem Lehrgang oder einer Prüfung sich eine eigene Kutsche kaufen möchte, wird auf Hof Süderknöll bestimmt fündig, denn hier gibt es das größte Kutschen- und Fahrsportangebot in Schleswig-Holstein und Hamburg. Zum Sortiment gehört das komplette Angebot der Firma Fahrsport Hansmeier und Zubehör wie Geschirr oder Kegelparcours. Zudem finden Interessierte hier ein großes Angebot an günstigen Gebrauchtkutschen. Diese werden in der hofeigenen Kutschenwerkstatt gewartet.

**Hof Süderknöll**
Holger Hinrichs
Dammsknöll 3a
25767 Offenbüttel
Tel. und Fax: 04802-750438
E-Mail: *holger@suederknoell.de*
*www.kutschen-suederknoell.de*

AUSBILDUNG VON PFERD UND REITER

Gestüt Dreikronen – Landkreis Rendsburg-Eckernförde

# Eine moderne Reitanlage für den Spitzensport

Das Gestüt Dreikronen in Kiel ist ein Zucht- und Ausbildungsbetrieb für den Dressursport der Spitzenklasse. Geschäftsführer Nils Bezold erwarb den Betrieb mit Partnern 2007 und hat die Anlage seitdem mit großem Aufwand zu einer modernen Reitanlage ausgebaut. Unter anderem wurde die Reithalle auf 20 x 60 Meter erweitert. Den Reitschülern und Einstellern steht zusätzlich ein 20 x 80 Meter großes Außenviereck zur Verfügung, das aufgrund der hervorragenden Bodenqualität fast das ganze Jahr über benutzt werden kann. Eine moderne Führanlage und der 100 x 100 Meter Sandspringplatz komplettieren das Angebot für Pferd und Reiter.

Nils Bezold war lange Zeit in der Medizinbranche tätig, bevor er seinen Trakehner-Hengst Donaudichter erwarb: „Er hat mich in den Sport gebracht, ihm habe ich unheimlich viel zu verdanken", sagt der Dressurreiter.

Donaudichter wurde 2008 aufgrund seiner sportlichen Erfolge vom Trakehner Verband gekört. Über 100 Siege und Platzierungen in den Klassen M** bis Intermediaire I, davon mehr als 45 in der schweren Klasse, kann der Hengst vorweisen. Nils Bezold fühlt sich mit dem Fuchs auf besondere Weise verbunden: „Donaudichter ist ein Partner, der immer alles gibt. Wir haben uns nie gesucht, aber gefunden."

Donaudichter steht auf Gestüt Dreikronen zusammen mit weiteren 10 Trakehner Hengsten auf Deckstation. Zusammen mit Mag. med.vet. Markus Scheibenpflug (Gestütsleiter) und Mandy Sörensen widmet sich Nils Bezold in erster Linie der Ausbildung von jungen Pferden, aber auch der Förderung von vielversprechenden Nachwuchsreitern. Der aus Bayern stammende Dressurreiter stellt jungen Reiterinnen und Reitern S-Pferde zur

Verfügung, damit diese von den vierbeinigen Profis lernen können. "Ein bis zwei Mal im Monat starten die jungen Reiter mit unseren Pferden auf Turnieren", erzählt Nils Bezold.

Auf dem einmal im Jahr statt findenden Grand-Prix Dressurturnier präsentieren Top-Reiter wie u.a. Olympia-Teilnehmerin Karin Rehbein oder Grand-Prix-Reiter Falk Rosenbauer ihr Können. Organisator Nils Bezold verfügt über persönliche Kontakte zu den erfolgreichsten Dressurreitern in Deutschland und auch im Ausland. Als größte private Trakehner-Deckstation in Deutschland steht der Geschäftsführer des Gestüts zudem im engen Kontakt mit dem Zuchtverband. Daher finden in Kiel-Altenholz auch regelmäßig Stuteneintragungen, Hengstpräsentationen und Fohlenschauen statt.

**Gestüt Dreikronen**
Geschäftsführer Nils Bezold
Fördestr. 3 • 24159 Kiel
Tel.: 0431-3209558
Fax: 0431-3209557
Mobil: 0172-8211968
E-Mail: *nb@gestuetdreikronen.de*
*www.gestuetdreikronen.de*

*Nils Bezold mit „Donaudichter"*

**AUSBILDUNG VON PFERD UND REITER**

Gestüt Majenfelderhof – Landkreis Ostholstein

# Die Schule für junge Pferde

Stephanie Herken-Wendt bildet mit ihrem Team auf dem Gestüt Majenfelderhof vor allem junge Pferde aus – mit großem Erfolg. Kunden aus Deutschland und vermehrt auch dem Ausland bringen ihre Pferde nach Bosau, um ihre Vierbeiner optimal auf Stutenleistungsprüfungen, Auktionen und Turniere vorbereiten zu lassen. Die Agraringenieurin und Pferdewirtschaftsmeisterin legt viel Wert darauf, die ihr anvertrauten Pferde vielseitig auszubilden: „Jedes Pferd, auch ein Dressurpferd, sollte einen A-Sprung meistern können." Vom „schnellen Fertigmachen" hält die Ausbilderin, die von der Deutschen Reiterlichen Vereinigung FN mit der Lehndorffs-Plakette ausgezeichnet wurde, nichts: „Es ist wichtig, den Pferden Zeit zu lassen, sich zu entwickeln." Um die Gehfreudigkeit der Remonten zu fördern, fährt sie mit ihrem Team oft zum nahe gelegenen Geländepark in Süsel, oder es geht regelmäßig ins Gelände.

Stephanie Herken-Wendt betreibt das Gestüt Majenfelderhof zusammen mit ihrem Ehemann Heinrich-Wilhelm Herken, der für den landwirtschaftlichen Betrieb zuständig ist. Auf dem Hof in der malerischen Holsteinischen Schweiz werden darüber hinaus seit über 15 Jahren Trakehner Pferde gezüchtet – vor allem mit den Stutenstämmen der Herbstzeit, Saaleck und Gretchen. Aus der Zucht stammen Prämien- und Siegerstuten sowie erfolgreiche Reitpferde in allen Disziplinen. Es stehen auch mehrere Deckhengste

*Stephanie Herken-Wendt und „Krümel"
beim Geländetraining in Süsel*

verschiedener Rassen auf dem Gestüt, u.a. der Trakehner-Elitehengst Manrico und der Westfalenhengst Raising Star. Die Aufzucht junger Pferde ist ein weiteres Angebot des Gestüts. Die jungen Reitpferde in spe dürfen sich auf großen hügeligen Weiden ausgiebig bewegen und soziale Kontakte pflegen. Stephanie Herken-Wendt und ihr Team kümmern sich persönlich um jeden vierbeinigen Gast, damit die Jungpferde auch auf den Menschen bezogen aufwachsen.

**Gestüt Majenfelderhof**
Stephanie Herken-Wendt
23715 Bosau/Majenfelde
Tel.: 04527-1094
Mobil: 0172-3546436
E-Mail: *Majenfelderhof@aol.com*
*www.gestuet-majenfelderhof.de*

*„Krümel" mit Tzigane, erfolgreich im Springen bis Klasse S*

Horsemanship Reitschule – Landkreis Rendsburg-Eckernförde

# Wie denken Pferde?

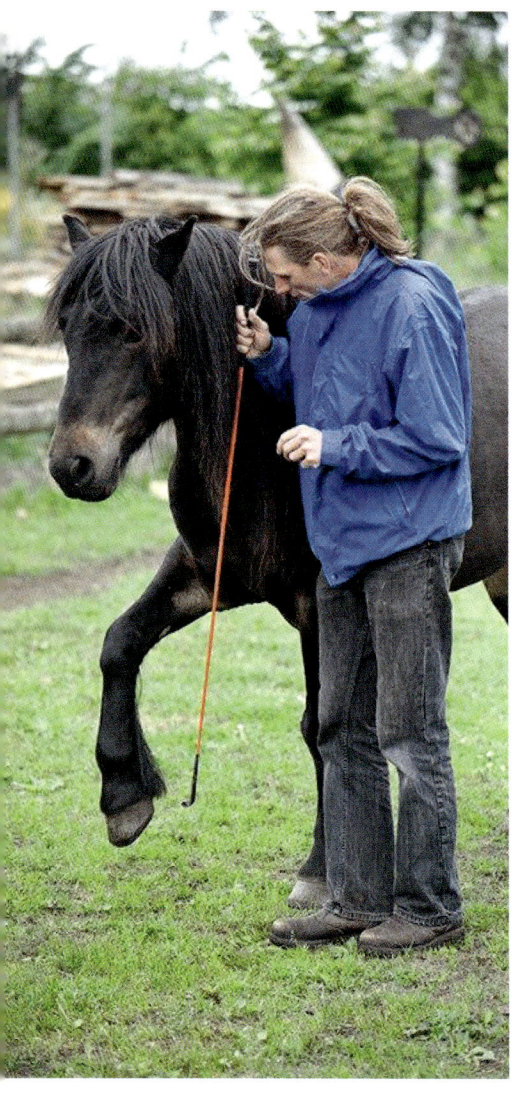

Kommunikation ohne Worte

Carsten Goll und seine Ehefrau Sabine Schweizer verstehen die Pferde. „Pferde kommunizieren mit ihrem Körper", erklärt der Ausbilder. Ihr Ziel ist es, den Schülerinnen und Schülern zu vermitteln, wie Pferde denken, um eine partnerschaftliche Verbindung zwischen den Vierbeinern und den Menschen zu ermöglichen. „Meistens fangen wir mit der Arbeit am Boden an", erklärt Carsten Goll, „aber natürlich wird auch geritten." Dies sei ihm besonders wichtig: „Viele Menschen glauben, dass Horsemanship nur Bodenarbeit ist." Dies sei aber nicht so: „Natural Horsemanship bedeutet nur der natürliche Umgang mit dem Pferd."

Monty Roberts, Pat Parelli und Tom Dorrance haben die Philosophie des Natural Horsemanship in Deutschland bekannt gemacht. Viele Pferdefreunde erhoffen sich dadurch, endlich die Probleme mit ihren Vierbeinern lösen zu können. Und diese sind vielfältig: Scheuen beim Reiten, Probleme beim Aufsatteln oder beim Verladen. „Dann heißt es immer, das Pferd sei bockig oder zickig", meint Carsten Goll. „In Wirklichkeit weiß das Pferd oft nicht, was sein Mensch will, oder es hat Angst."

In ihren Kursen und Seminaren versuchen die beiden Pferdeleute, Mensch und Pferd zusammen zu bringen. Dies gelingt, indem man in der „Pferdesprache" mit den Vierbeinern kommuniziert. „Fast alle Pferde nehmen das sofort an", sagt Carsten Goll. „Und es ist natürlich toll, wenn sofort ein Erfolg zu sehen ist."

Interessierte können nach Bokel zur Horsemanship-Reitschule kommen oder den mobilen Unterricht im Stall vor Ort mit dem eigenen Pferd buchen. Auf Anfrage werden auch ein- oder mehrtägige Kurse deutschlandweit organisiert. Zudem finden regelmäßig „Pferdeflüsterer-Kurse" im Tierpark Arche Warder statt. Sabine Schweizer bietet darüber hinaus seit 2004 pferdegestütztes Coaching für Führungskräfte und Teams an.

**Horsemanship – Reitschule**
Carsten Goll
Lindenallee 15
24802 Bokel
Tel.: 04330-994375
Fax: 04330-994380
E-Mail: *info@Horsemanship-Reitschule.de*
*http://horsemanship-reitschule.de*

Reitschule Hexenkroog – Landkreis Rendsburg-Eckernförde

# Die Freude am Reiten entdecken

Die Reitschule Hexenkroog befindet sich auf dem landwirtschaftlichen Betrieb von Cornelia und Matthias Weber in Emkendorf bei Westensee. FN-Bereiterin Cornelia Weber will ihren Reitschülern vor allem den „Spaß und die Freude am Hobby Reiten" vermitteln. Dabei soll den Schülern bewusst werden, dass der Umgang mit dem Lebewesen Pferd ein großes Maß an Verantwortung und Sorgfalt erfordert.

Den ganzen Tag über finden Unterrichtsstunden für Kinder und Jugendliche statt. Aber es gibt auch viele erwachsene Wiedereinsteiger: „Das sind meistens Frauen, die in der Kindheit erste Reiterfahrungen gesammelt haben", erzählt Cornelia Weber. Viele hätten dann aufgrund ihres Berufes oder aus familiären Gründen mit dem Reiten aufgehört. „Diese Frauen entdecken dann aber die Freude am Reiten neu", so die Ausbilderin. Für die erwachsenen

Frauen stehe der Spaß im Vordergrund: „Die Wiedereinsteigerinnen sind glücklich, wenn sie nach einigen Reitstunden entspannt ins Gelände reiten können."

Der Reitunterricht findet in kleinen Gruppen auf gut ausgebildeten Ponys und Pferden statt. Anfänger und auch Wiedereinsteiger erhalten zunächst Longenstunden. Insbesondere in den Sommerferien finden verschiedene Reitabzeichenlehrgänge, aber auch Lehrgänge zur Turniervorbereitung statt.

In der Stallanlage können Pensionspferde untergebracht werden. Die Vierbeiner genießen das ganze Jahr über Weidegang, auf Wunsch im Sommer auch Tag und Nacht. Den Reitern stehen eine Reithalle mit „Swing Ground" Boden, ein Außenreitplatz und ein Springplatz zur Verfügung. Der Naturpark Westensee bietet zudem ein schönes Ausreitgelände.

**Katies Insider-Tipp**

Jedes Jahr findet ein bundesweiter Wettbewerb für Schulpferdereiter statt, der Schulpferde-Cup der Deutschen Reiterlichen Vereinigung FN. Ziel ist es, die wichtige Stellung der Schulpferde und deren Reiter auch für die Zukunft zu sichern. Das Finale findet entweder im Rahmen der Equitana in Essen oder der Horses & Dreams in Hagen statt.

**Reitschule Hexenkroog**
Cornelia und Matthias Weber
Emkendorfer Str. 119
24802 Emkendorf
Tel.: 04330-743
Mobil: 0177-3585465
E-Mail: *weber-emkendorf@t-online.de*
*www.reitschule-hexenkroog.de*

*Entspannung nach der Reitstunde*

**AUSBILDUNG VON PFERD UND REITER**

*Ein tolles Team*

Reitschule Ankie Butemann – Landkreis Bad Segeberg

# Eine tolle Alternative zum eigenen Pferd

Ankie Butemann betreibt ihre Reitschule mit sehr viel Engagement und persönlichem Einsatz. Die geprüfte Pferdewirtschaftsmeisterin Zucht- und Haltung und Bereiterin FN hat sich 2003 auf dem Hof von Roland Peters in Norderstedt selbstständig gemacht. Fast dreißig Schulpferde und Ponys stehen den Reitschülerinnen und Reitschülern zur Verfügung. Alle Vierbeiner sind sehr gut ausgebildet und werden regelmäßig korrigiert. Die meisten Pferde haben zudem Turniererfahrung und sind bis Klasse L platziert. „Das sind ganz sichere Pferde", sagt Ankie Butemann. In der Reitschule gibt es nur Einzelunterricht, um jeden Reitschüler individuell zu fördern und reiterlich wirklich voranzubringen. Die ganz kleinen Reiter zwischen drei bis sechs Jahren erhalten in der Shetty-Stunde gemeinsamen Gruppenunterricht. Hier lernen die Kinder erst einmal die Grundlagen: Ponys putzen, füttern, aufsitzen, und dann geht es mit Mutti oder einem anderen Erwachsenen als „Führer" auf den Reitplatz und später auch einmal ins Gelände. Wer dann im Umgang mit dem Pony vertraut ist, kann sich für Einzelunterricht auf den Shetland-Ponys anmelden.

Es gibt außerdem eine Ponymannschaft, die regelmäßig an Mannschaftswettbewerben teilnimmt. Und das sehr erfolgreich. Eine Reitbeteiligung auf einem Schulpferd oder -pony ist möglich und in der Art der Durchführung eine Besonderheit des Betriebes

„Das ist eine tolle Alternative zum eigenen Pferd", meint die Ausbilderin. „Die Reitbeteiligungen können drei Mal die Woche reiten und erhalten zwei Mal die Woche Einzelunterricht."

Darüber hinaus dürfen die Reiter auch an Turnieren teilnehmen und erhalten ein anderes Pferd oder Pony, wenn ihr Reitbeteiligungs-Vierbeiner einmal erkrankt. Dieses Angebot gilt für alle Altersklassen und wird von Kindern, Jugendlichen und Erwachsenen gleichermaßen wahrgenommen. Für diese Leistung ist der Preis von 240 Euro sehr angemessen. Die meisten turnierambitionierten Reitschülerinnen und Reitschüler sind Mitglied im Reitverein Kisdorf, der regelmäßig Hausturniere auch für die Leistungsklassen null und sechs ausschreibt. Dabei können die Turnierreiter in spe dann erste Erfahrungen sammeln.

Die familiäre Atmosphäre auf dem Hof ist Ankie Butemann sehr wichtig: „Bei uns wird oft spontan gegrillt, oder wir putzen alle mal

zusammen den Stall. Darüber hinaus fahren wir an den Wochenenden auf Turniere, veranstalten mal ein Zeltlager für die Junioren oder eine Reiterabzeichenprüfung."

**Reitschule Ankie Butemann**
Neue Straße 35
22851 Norderstedt
Tel.: 0171-8301977
E-Mail: *info@ankie-butemann.de*
*www.ankie-butemann.de*

Natascha Howaniétz KLASSIK KONKRET – Klassische Reitkunst zum Selbermachen – Landkreis Steinburg

# Eine authentische Reitkunst wird vermittelt

*Natascha Howaniétz reitet mit viel Einfühlungsvermögen*

Immer mehr Reiter sind von der Klassischen Reitkunst fasziniert. Natascha Howaniétz unterrichtet auf dem Shagya-Araber Gestüt von Ingrid Früchtenicht in Neuenbrook bei Itzehoe nach den originalen Klassischen Prinzipien. „Als Österreicherin bin ich in jungen Jahren von der Lehre der Spanischen Hofreitschule in Wien geprägt worden", erzählt Natascha Howaniétz. Während ihrer Ausbildung war sie u.a. Schülerin von Oberstleutnant Ferdinand Croy von der Reitakademie Wien und von Dr. Werner Pohl, dem ehemaligen Direktor der Spanischen Hofreitschule in Wien.

Die gebürtige Tirolerin bietet zwei- und vierbeinigen Schülern eine professionelle Ausbildung „Alter Schule". Es werden keine „eigenen Erfindungen", sondern authentische Reitkunst und Bodenarbeit in der Tradition der Spanischen Hofreitschule Wien geboten. Diese werden mit Hilfe modernster Sportpädagogik freundlich und individuell vermittelt. Der Unterricht ist offen für Pferde aller Rassen und Klassen und Reiter aller Altersgruppen und Niveaus. Schüler ohne eigenes Pferd dürfen auf Nataschas eigenen Lipizzanern oder den edlen Zuchtpferden des Shagya-Gestüts lernen.

Die Ausbilderin unterrichtet „Moderne Klassik" – das Beste aus fünf Jahrhunderten Klassischer Reitkultur für die Pferde und Reiter von heute. Oberstes Ziel ist in jedem Fall ein harmonisches, losgelassenes Zusammenspiel von Mensch und Pferd: „Jedes Pferd ist anders", meint die Pferdewirtschaftsmeisterin. „Der Reiter soll den Weg finden, beim jeweiligen Pferd mit möglichst wenig Kraft und Aufwand den natürlichen Vorwärtstrieb zu erhalten und zu kultivieren."

Während viele Reiter genau das wieder wollen, fehle ihnen leider oft noch die Möglichkeit, es „von der Pike auf" zu lernen. Dem will die Ausbilderin abhelfen und bietet deshalb „KLASSIK KONKRET": Jenseits großer Worte kann jeder interessierte Schüler kommen und Klassik „selber machen", anstatt nur davon zu lesen.

Natascha Howaniétz sieht Losgelassenheit und Lockerheit als Grundlage aller

> **Katies Insider-Tipp**
> Die Spanische Hofreitschule Wien ist die einzige Institution der Welt, an der die klassische Reitkunst in der Renaissancetradtion der „Hohen Schule" seit über 430 Jahren lebt und unverändert weiter gepflegt wird. Mehr Infos unter **www.srs.at**

Reiterei und ist deshalb überzeugt davon, dass Druck, Stress oder Geschrei in der professionellen Ausbildung von Reitern und Pferden nichts verloren haben. Das Wichtigste ist ihr, dass die Reiterinnen und Reiter ein Gefühl für die Bewegung des Pferdes entwickeln.

Die Shagya-Reitschule bietet ein anspruchsvolles Programm, das neben dem Reiten auch Klassische Bodenarbeit, also die Arbeit an der Hand, dem Langen Zügel und der Doppellonge, einschließt. Kurse und Lehrgänge, auch in Verbindung mit einem Kurzurlaub auf dem Gestüt, runden das Angebot ab. Für die Weiterbildung des eigenen Vierbeiners ist ebenfalls gesorgt, diesen nimmt Natascha gern in Beritt oder Korrektur, natürlich in artgerechter Haltung auf dem Gestüt. Schließlich steht hinter der gesamten Entwicklung der humanen Klassischen Reitkunst die Einsicht, dass nur der gut arbeitet, dem es gut geht.

**KLASSIK KONKRET – Klassische Reitkunst zum Selbermachen**
Natascha Howaniétz
Ost 13
25578 Neuenbrook
Tel.: 0152-21685519
Fax: 04824-300504
E-Mail: info@klassik-konkret.de
www.klassik-konkret.de

**AUSBILDUNG VON PFERD UND REITER**

Karsten Huck Ausbildungsstätte für Pferd und Reiter – Landkreis Segeberg

# Karsten Huck: „Schüler sollten wissbegierig sein"

*Karsten Huck beim Hamburger Derby*

Karsten Huck ist einer der erfolgreichsten Springreiter in Schleswig-Holstein. Zwischen 1972 und 1988 war er u.a. sieben Mal Landesmeister der Springreiter von Schleswig-Holstein und Hamburg. „Mein schönster Erfolg war die Bronzemedaille im Einzelspringen bei den Olympischen Spielen in Seoul", erzählt der gelernte Bankkaufmann und Betriebswirt. Von 1978 bis 1986 war Karsten Huck Landestrainer für die Springreiter in Schleswig-Holstein, danach betreute er als Bundestrainer die deutschen Juniorenspringreiter. Seit 1991 betreibt der Familienvater eine eigene Ausbildungsstätte in Borstel. Hier finden regelmäßig Springlehrgänge statt, an denen Reiter aus Schleswig-Holstein, aus ganz Deutschland und dem Ausland teilnehmen. Den durchschnittlich 16 bis 20 Teilnehmern versucht er, seine Erfahrungen und sein Wissen mit auf den Weg zu geben. „Besonders viel Spaß habe ich, wenn Reiter wissbegierig sind und wirklich etwas lernen wollen", sagt der Trainer. Während der mehrtägigen Lehrgänge wohnen die Teilnehmer in gemütlichen Gästezimmern, die Pferde werden in geräumigen Boxen untergebracht. Den Reitschülern wird jeden Tag ein anspruchsvolles Programm geboten. Es findet mehrmals am Tag praktischer Unterricht, abends aber auch theoretischer Unterricht statt. Nach dem Training können sich die Gäste beim Tischtennisspielen oder Trampolinspringen entspannen. Darüber hinaus, besonders in den Wintermonaten, bietet Karst Huck auch auswärts Lehrgänge an. Auf der Anlage von Karsten Huck gibt es eine Reithalle, einen Außenreitplatz, einen Springplatz und zwei Galoppbahnen. Im Wald kön-

AUSBILDUNG VON PFERD UND REITER

nen die Teilnehmer über diverse Naturhindernisse springen. Wer auf der Suche nach einem gut ausgebildeten Springpferd ist, findet bei Karsten Huck bestimmt einen passenden Vierbeiner. In seinem Ausbildungsstall gibt es eigene zum Verkauf stehende Pferde und solche, die Karsten Huck im Auftrag von Züchtern und Privatleuten vermittelt.

**Ausbildungsstall Karsten Huck**
Redder 9
24616 Borstel
Tel · 04324-8383
Fax: 04324-8366
Mobil: 0172-4586001
E-Mail: *Karsten.Huck@karstenhuck.de*
*www.karstenhuck.de*

*Karsten Huck und sein langjähriger Mitarbeiter Michael Grimm*

*Mit feiner Hand zum Erfolg*

Dressurstall Hof Lührs – Landkreis Segeberg

# Die Skala der Ausbildung als Basis der täglichen Arbeit

Grand-Prix-Reiterin Karin Lührs bildet auf ihrem Hof in Neversdorf bei Bad Segeberg Pferde und Reiter nach den Grundsätzen der Klassischen Reitlehre aus. „Die Skala der Ausbildung ist die Basis meiner täglichen Arbeit", sagt die examinierte Sportlehrerin. Die Dressurreiterin fördert mit ihrem Team Berittpferde bis zur schweren Klasse. Dabei legt sie besonders viel Wert darauf, sich jedem Vierbeiner individuell zu widmen: „Pferde sind sehr unterschiedlich, da kann man nicht nach einem bestimmten Schema arbeiten", so die aktive Turnierreiterin. Sie und ihre Mitarbeiterinnen nehmen sich für jedes Pferd viel Zeit: „Bei uns wird nach trainingswissenschaftlichen Erkenntnissen trainiert, d.h. mit entsprechender Aufwärmphase und vorgeschaltetem zehnminütigem Schritt reiten." Nur auf diese Weise sei es

> **Kalles Insider-Tipp**
>
> Die Vorstände des Vereins Xenophon wollen u.a. in Vorträgen, Seminaren, Lehrgängen und Publikationen die Grundgedanken der klassischen, richtlinientreuen Ausbildung von Pferden lebendig halten. Vorsitzender ist der Dressurreiter Klaus Balkenhol, u.a. Mannschaftsolympiasieger 1996 in Atlanta. Mehr Infos unter: **www.xenophon-klassisch.org**

möglich, die Vierbeiner zu einem losgelassenen Mitarbeiten zu motivieren. Eine lange Erholungsphase nach dem Training ist selbstverständlich. Darüber hinaus sorgen eine Galoppbahn und leichtes Springtraining für Abwechslung. Wichtig sei aber auch eine artgerechte Haltung. Alle Pferde dürfen sich auf weitläufigen Koppeln das ganze Jahr über ausgiebig bewegen – das ist wie „Bildungsurlaub für Pferde", so eine Kundin.

Karin Lührs, Jahrgang 1964, studierte das Fach Sport für das höhere Lehramt und absolvierte ihre Examensarbeit in Reitpädagogik. Die praxisorientierten Übungsreihen für den Schulsport inspirierten sie zu ihrem Fachbuch: „111 Lösungswege für das Reiten", das im Verlag der Deutschen Reiterlichen Vereinigung (FN-Verlag) 2003 das erste Mal veröffentlicht wurde und nun bereits in der dritten Auflage erschienen ist. Die Trainerin setzt sich auch in der Öffentlichkeit vehement für die Prinzipien der Klassischen Reitausbildung ein und ist daher auch Mitglied im Verein „Xenophon", einer Gesellschaft für den Erhalt und Förderung der klassischen Reitkultur. Der Vorstand des Vereins, insbesondere Christine Stückelberger und Klaus Balkenhol, würdigten das Engagement und die Arbeit der Ausbilderin auf besondere Weise: Im Herbst 2007 wurde Karin Lührs zur Xenophon-Trainerin ernannt.

Die Amateurreitlehrerin (Trainer A) bietet auf ihrem Hof auch Einzelunterricht und verschiedene Lehrgänge und Seminare an. Darüber hinaus arbeitet sie eng mit dem Pferdesportverband Schleswig-Holstein zusammen und ist Mitglied der Prüfungskommission für Trainer C/B/ und A-Lehrgänge.

**Dressurstall Hof Lührs**
Karin Lührs
Hauptstr. 51
23816 Neversdorf
Tel.: 04552-666
Fax: 04552-993690
Mobil: 0173-2082071
E-Mail: *hof-luehrs@t-online.de*
*www.hof-luehrs.de*

AUSBILDUNG VON PFERD UND REITER

Katja Schümann-Osbahr Dualtrainerin – Kreis Plön

# Mit Farben und Stangen zum Erfolg

*Die Farben Blau und Gelb weisen den Weg.*

Jeder Reiter kennt diese Situation: Auf dem Hinweg geht ein Pferd seelenruhig z.B. an einer Bank vorbei, aber auf dem Rückweg springt der Vierbeiner erschrocken vor dem offensichtlich unbekannten „Monster" zur Seite. „Das kommt daher, dass Pferde mit dem linken Auge etwas anders sehen als mit dem rechten Auge", erklärt Katja Schümann-Osbahr. Zudem würden die Informationen in den entgegengesetzten Gehirnhälften des Pferdes verarbeitet. „Deshalb ist es tatsächlich so, dass Pferde einen Gegenstand, an dem sie schon einmal vorbei gelaufen sind, auf dem Rückweg mit dem anderen Auge das erste Mal sehen." Ursache dafür sei ein verzögerter Austausch der Bildinformationen in den beiden Gehirnhälften des Pferdes. „Es dauert ein Weile, bis beide Augen das Gleiche erkannt haben", sagt Katja Schümann-Osbahr.

Die gelernte Pferdewirtin und Reittherapeutin mit Trainer C-Lizenz machte mit einer ihrer Stuten ähnliche Erfahrungen, bis sie von der Dualaktivierung® hörte, einer Art Gehirnjogging für das Pferd. Dabei handelt es sich um ein von dem Pferdeausbilder Michael Geitner entwickeltes Training, um den Informationsaustausch in den beiden Hirnhäften des Pferdes zu verbessern. Basis ist die Arbeit mit Gassen und Pylonen in den Farben Gelb und Blau. „Wissenschaftler haben entdeckt, dass Pferde diese Farben am besten erkennen können", erklärt Katja Schümann-Osbahr.

Die Dualaktivierung® soll die Konzentrationsfähigkeit des Pferdes verbessern, aber den Vierbeiner darüber hinaus gymnastizieren. Auch die Reiter würden von dieser Trainingsmethode profitieren: „Ich habe in der Reittherapie und im Reitunterricht sehr gute Erfahrungen mit der Dualaktivierung® gemacht", sagt die Ausbilderin.

Katja Schümann-Osbahr hat die Grundlagen dieser Trainingsmethode bei dem Erfinder Michael Geitner erlernt und ist auch von ihm autorisiert. Der durch den „Pferdeflüsterer" Monty Roberts inspirierte Trainer entwickelte die „Be strict" (sei streng/konsequent) Methode, um Pferde konsequent und artgerecht auszubilden.

**Dualaktivierung**
Katja Schümann-Osbahr
Rabanser Weg 1a
24321 Behrensdorf
Tel.: 04381-5651
Mobil: 0177-2203739
E-Mail: *katja@dualtrainer.de*

artagena Schule für Klassisch-Iberische Reitkunst – Landkreis Herzogtum Lauenburg

# Die feine Kommunikation ist das Ziel der Ausbildung

Monika Amelsberg unterrichtet – als mobile Reitschule – mit viel Engagement die Klassisch-Iberische Reitkunst in ganz Norddeutschland: „Das ist eine Variante der Barocken Reiterei", erklärt die examinierte Sportpädagogin. Gemeint seien dabei die spanischen Reitweisen „Doma Classica", also die klassische Dressur, und die „Alta Escuela", die Hohe Schule der Reitkunst. Die „Doma Vaquera" – also die reine Arbeitsreitweise der Stierhirten – gehört nicht zu ihren Ausbildungsmethoden. „Ich strebe die feine und leichte Kommunikation mit dem Pferd an", sagt Monika Amelsberg, „und genau diese Philosophie will ich meinen Schülern vermitteln."

Zu der Klassisch-Iberischen Reitweise kam die Reiterin zufällig. 1990 kaufte sie ihr erstes eigenes Pferd, einen Friesenhengst. Schnell stellte Monika Amelsberg fest, dass die Klassische Englische Reitweise sie in der Ausbildung ihres Pferdes in die Sackgasse führte. „Ich begab mich auf die Suche nach einem anderen Weg", erzählt Monika Amelsberg. Schließlich fand sie Rafael Jurado Castillo – einen der letzten großen Spanischen Reitmeister aus Sevilla in Andalusien. Er wurde ihr Lehrmeister.

Ab 1992 ließ sich die Dressurreiterin im Cortijo del Cuarto in Sevilla bei Rafael Jurado Castillo weiter ausbilden und begann, Reitlehrgänge mit dem spanischen Reitmeister

*Klassische Dressur in Perfektion*

in Deutschland zu organisieren. 1998 gründete sie schließlich ihre eigene Reitschule „artagena", die seit 2005 auf Gut Mechow beheimatet ist. Die Ausbilderin ist aber nicht an diesen Ort gebunden, sondern unterrichtet auf verschiedenen Reitbetrieben und privaten Reitanlagen in ganz Deutschland.

Ihre Ausbildungsmethode basiert zum einen auf „funktionalem Unterricht" und zum anderen auf der Berücksichtigung der „Logik des Pferdes" und dessen Natürlichkeit. Ein koordiniertes Zusammenspiel zwischen Sitz-, Schenkel- und Zügelhilfen, unterstützt durch Stimme und Atmung, führt zur Leichtigkeit. „Wir sind keine Kreuz- und Kraftreiter", betont Monika Amelsberg. Wichtig seien Körperbewusstsein und Körperkontrolle. „Viele Reiter sind viel zu verspannt", so die Ausbilderin, „ihnen geht das Gefühl beim Reiten verloren."

Seit 2008 nimmt Monika Amelsberg regelmäßig auch an Fortbildungslehrgängen in der „Ecole de Légèreté" des französischen Ausbilders Philippe Karl teil.

Monika Amelsberg unterrichtet jeden, der sich auf diese Ausbildungsmethoden der iberischen und französischen Reitkunst „einlassen möchte und kann." Reiter jeden Niveaus und Pferde aller Rassen sind willkommen.

Die Reiterin zeigt ihr Können auf ihrem Friesenhengst Quintus auch auf Messen und Shows, z.B. auf der „Hansepferd", der „Pferd und Jagd" und der „Equitana". Für sie sind Show-Auftritte immer besondere

Erlebnisse: „Als Barock-Reiterin freue ich mich, wenn die Zuschauer die angestrebte und gefühlte Harmonie zwischen Reiter und Pferd erkennen und beklatschen. Applaus und Begeisterung sind dann unser Lohn."

**artagena**
**Schule Klassisch-Iberischer Reitkunst**
Monika Amelsberg
23909 Mechow
Tel.: 04541-803063
E-Mail: *info@artagena.de*
*www.artagena.de*

Fun Tastic Ridung Martina Sell – Landkreis Herzogtum Lauenburg

# Reiter sollen sich in ihr Pferd hinein fühlen

Martina Sell ist Trainerin-A für das Westernreiten. Auf ihrem Hof in Schiphorst veranstaltet sie unter anderem Lehrgänge nach der APO (Ausbildungs-Prüfungs-Ordnung), z.B. zur Fortbildung von Trainern und zum Erlangen von Trainer-C und –B-Westernreiten-Lizenzen, aber auch zum Erhalt von den Western-Reitabzeichen und dem klassischen Longierabzeichen. Für alle Lehrgänge stehen mehrere, sehr gut ausgebildete Schulpferde zur Verfügung. Ein solches Angebot ist selten, deshalb sind ihre Lehrgänge fast immer sofort ausgebucht. „Die Teilnehmer wissen es sehr zu schätzen, auf meinen Pferden reiten zu dürfen, denn dann können sie auch solche Lektionen wie Sliding Stops und Fliegende Galoppwechsel üben", sagt Martina Sell lachend.

Die Schulpferde haben z.T. sogar eine erfolgreiche Turnierkarriere vorzuweisen, z.B. die Stute „Fancy", mit der Martina Sell im EWU-Nordcup 2004 in der Disziplin Reining sogar die Gold-Medaille gewonnen hat. Für die Westernreiterin ist es sehr wichtig, ihren Reitunterricht an den individuellen Stärken und Schwächen ihrer Schüler auszurichten. Nicht der „Turniererfolg um jeden Preis" ist wichtig, sondern dass sich die Reiter in ihr Pferd „hineinfühlen" können.

Die Westernreiterin betreibt den Hof zusammen mit ihrem Ehemann Achim. Es stehen dort helle Gastboxen und mehrere Offenställe zur Verfügung, aber auch Paddocks und Weiden. Die Reithalle ist mit einem Reiningboden ausgestattet – also perfekte Voraussetzung, um Westernlektionen zu üben.

**FunTastic Riding**
Martina Sell
Hauptstraße 3
23847 Schiphorst
Tel.: 0171-8256556
E-Mail: *masell@aol.com*
*www.Martina-Sell.de*

*Ein Slide Stopp*

Ina Krüger-Oesert – Die Schule für anspruchvolles Freizeitreiten – Landkreis Plön

# Reiten als künstlerische Ausdrucksform

Kommunikation und Harmonie zwischen Pferd und Reiter bilden in der Schule für anspruchvolles Freizeitreiten von Ina Krüger-Oesert die Basis der Ausbildung. „Wir sind leistungs-, aber nicht wettkampforientiert", sagt die FN-Trainerin B-Reiten, Schwerpunkt Dressur. Schüler lernen auf ihren gut geschulten Pferden, wie durch einen losgelassenen Sitz Lektionen wie Traversalen und Galoppwechsel leicht und fließend gelingen. „Ganz wichtig ist für mich feines Reiten", betont Ina Krüger-Oesert. „Ziel ist es, Reiten auch als künstlerische Ausdrucksform zu vermitteln." Jedes Pferd und jeder Reiter werden dabei individuell gefördert, auch mit unkonventionellen Methoden. „Wir springen auch einmal Seil mit den Pferden und lassen Drachen steigen." Bodenarbeit und zirzensische Lektionen sind ein weiterer wichtiger Bestandteil der Ausbildung. Für ihr Schulpferdemanagement-Konzept wurde Ina Krüger-Oesert 2009 in einem bundesweiten Wettbewerb von der FN mit einem Sonderehrenpreis ausgezeichnet.

In der Schule für anspruchvolles Freizeitreiten geht es nicht darum, Turniererfolge zu erringen. Trotzdem sollen Reiter und Pferde individuell weiter ausgebildet werden. „Wenn

*Ina Krüger-Oesert*

ein Norweger Pony keine großartige Trabverstärkung zeigt, kann es vielleicht trotzdem eine ausdrucksstarke Passage erlernen", sagt die Ausbilderin aus Großbarkau. „Ich finde es schade, wenn das Potential eines Pferdes nicht gefördert wird."

Ina Krüger-Oesert präsentiert ihre Arbeit in fantasievollen Schaubildern auf Messen und Gala-Shows. Zudem bietet die Ausbilderin Reiten als Gesundheitssport an. „Viele denken, dass Reiten schlecht für den Rücken sei, aber das Gegenteil ist der Fall." In diesen Unterrichtsstunden geht es darum, die Beweglichkeit und Ausdauer zu verbessern. Dies wird mit speziellen Übungen auf dem Pferd und am Boden erreicht.

**Die Schule für anspruchsvolles Freizeitreiten**
Ina Krüger-Oesert
Raadener Weg 2a
24245 Großbarkau
Tel.: 04302-9349
E-Mail: *info@ina-krueger-oesert.de*
*www.ina-krueger-oesert.de*

AUSBILDUNG VON PFERD UND REITER

*Christiane Behr bildet junge Pferde vielseitig aus.*

Ausbildungs- und Therapiezentrum für Pferd und Reiter ATZ pur Behr und Hinkelthein – Kreis Schleswig-Flensburg

# Pferd und Reiter sollen nach klassischen Grundsätzen zusammen wachsen

Vielfalt ist die Stärke von Christiane Behr und Dr. Edgar Hinkelthein, die in Borgwedel das Ausbildungs- und Therapiezentrum für Pferd und Reiter, kurz ATZ pur, betreiben. „In erster Linie bin ich für die Ausbildung und Betreuung von jungen Pferden und Reitern zuständig", erzählt Pferdewirtschaftsmeisterin Christiane Behr, die im Springen bis zur schweren Klasse erfolgreich ist. Einige der von ihr ausgebildeten und verkauften Pferde sind in S-Dressuren und im internationalen Springsport erfolgreich, z.B. Cando in Schweden, La belle Orion unter Mario Deslauries oder Chupa Chup unter Bernardo Alves. Die Ausbildung des jungen Reiternachwuchses ist für Christiane Behr ebenfalls sehr wichtig. Neben dem regelmäßigen Unterricht auf der Anlage in Borgwedel finden auch Reitkurse statt. Dabei ist es ihr Ziel, nach den klassischen Grundsätzen Pferd und Reiter zusammen wachsen zu lassen, so dass sie Spaß und Erfolg miteinander haben.

Ihr Lebensgefährte Dr. Edgar Hinkelthein ist Orthopäde, Arzt für Naturheilverfahren und Sportmedizin sowie Osteopath. Er hat letzteres u.a. in England und Belgien studiert und ist selbst als Dozent im Human- und Pferdebereich tätig. Entscheidend ist es für ihn, Pferd und Reiter ganzheitlich zu betrachten. „Gesundheitliche Probleme beim Pferd haben immer eine Ursache", sagt Christiane Behr. „Manchmal kann schon eine unglückliche Bewegung auf der Weide zu einer Blockade führen, manchmal ist es auch der Reiter selbst, der sein Pferd ungünstig beeinflusst." Die Folgen können sich dann in Verspannungen und Lahmheit äußern, die manchmal auch nach langen Diagnoseverfahren und Klinikaufenthalten nicht beseitigt werden kann. „Wir haben schon vielen Pferdebesitzern, die nicht weiter wussten, helfen können, und das ist natürlich ein schönes Gefühl." Christiane Behr und Dr. Edgar Hinkelthein beziehen selbst andere Heilmethoden wie Akupunktur, Homöopathie und Bioresonanzdiagnose mit ein und arbeiten mit einem Netzwerk von Fachleuten zusammen. Die weitere Angebot der Anlage: eine Reithalle und ein Reitplatz, beide mit der Länge von 66 Metern, große helle Boxen, Führmaschine, weitläufige Weiden, ein schönes Ausreitgelände und eine Sandrennbahn.

**ATZ pur**
Christiane Behr und Dr. Edgar Hinkelthein
Süderstraße 4
24857 Borgwedel
Mobil: 0151-17300831 (Behr)
oder 0171-8353286 (Hinkelthein)
E-Mail: info@atz-pur.de
www.atz-pur.de

*Susanne Hein setzt sich für die Ausbildung junger Nachwuchstalente ein.*

Akeby`s Dressurpferde – Kreis Schleswig-Flensburg

## Lernen im Sinne des Partners Pferd

Die Ausbildung junger Pferde und Reiter liegt Susanne Hein in ihrem Zucht- und Ausbildungsstall in Boren besonders am Herzen. Die erfolgreiche S-Dressurreiterin bietet u.a. die „Akeby's Nachwuchsförderung" an. Talentierte junge Reiter und Reiterinnen, die durch besonderen Ehrgeiz, aber auch Gefühl für ihren Sportpartner Pferd und eine gesunde Einstellung zum Sport auffallen, werden mit vergünstigten Unterrichtseinheiten bzw. Beritt unterstützt. Auch bei allen anderen Berittpferden ist das Ziel die klassische Dressurausbildung als Grundlage für kontinuierliche Turniererfolge. „Ich lege sehr viel Wert auf eine harmonische Ausbildung", sagt die Pferdewirtschaftsmeisterin, „für mich ist die klassische Reitlehre die Basis meiner Arbeit." Hein versucht die Pferde und Reiter „dort abzuholen, wo sie stehen". Der jeweilige Ausbildungsstand und die Qualität der Pferde seien nicht entscheidend für den Erfolg: „Der Reiter muss lernen, sein Pferd zu fühlen". Gerade in Zeiten der Rollkur sei es wichtig, sich auf die Skala der Ausbildung zu konzentrieren: „Bei mir wird nicht an den Zügeln gezogen und gezerrt, sondern von hinten nach vorne geritten, um Reiter und Pferd in die Balance zu bringen."

Um die Züchter zu unterstützen, wurde 2010 das Pilotprojekt Akeby´s Jungpferdeausbildung initiiert, bei dem auch Pferdebesitzer eine vergünstigte Version der Ausbildung ihrer Vierbeiner wahrnehmen können, was durch einen abschließenden Präsentationstag mit der Möglichkeit zum freien Verkauf abgerundet wird.

Das Lernen im Sinne des Partners Pferd wird durch viele weitere Veranstaltungen, wie z.B. das Akeby´s Reithallenforum, weiter gefördert. Hier finden Fortbildungsmaßnahmen für Richter, Reiter und Ausbilder u.a. zum Thema „Dressur- Ausbildung und Bewertung" sowie Seminare zum Wissen um Rechts- und Versicherungsschutz in Zusammenhang mit dem Pferdesport statt. Veranstaltungen zur Sattelkunde oder Sitzkorrektur-Lehrgänge mit Eckart Meyners runden das Angebot ab. Für Pensions- bzw. Berittpferde stehen 12 neue Boxen zur Verfügung. Die Einsteller können Reithalle und einen Allwetterreitplatz nutzen. Alle Reitflächen sind mit hochwertigen Böden angelegt und werden regelmäßig gepflegt. Selbstverständlich ist das tägliche Raus- und Reinbringen auf Koppel oder Paddock. „Bei uns steht kein Pferd den ganzen Tag in der Box", sagt Hein voller Überzeugung.

In Akeby wird mit zwei bis vier Stuten gezüchtet. Holsteiner (vor allem Lord-Blut), Trakehner (Van Deyk/ Imperio) und Oldenburger Gene (Sandro Hit-Blut) werden dressurorientiert angepaart.

**Zucht- und Ausbildungsstall Hein**
Akeby's Dressurpferde
Akeby 8
24392 Boren
Tel.: 04641-462779 oder 7372
Mobil: 0172-7731342
Fax: 04641- 988337
E-Mail: info@akebys-dressurpferde.de
www.akebys-dressurpferde.de

Westernreiterhof Wegekaten – Landkreis Bad Segeberg

# Claudia Henseler: „Bei uns braucht keiner Angst zu haben."

*Claudia Henseler bietet ihren Reitschülern ein vielseitiges Programm.*

Claudia Henseler ist mit Herz und Seele Westernreiterin. Auf ihrem Hof in Krems vermittelt sie ihren Schülern vor allem die Westernreitdisziplin Pleasure und die darauf basierende Philosophie des Horsemanship. Die Ausbilderin kennt sich aber auch in allen anderen Westernreitdisziplinen aus. Ihr Ziel ist es, jedem Reiter genau die richtigen Tipps für sein Pferd mit auf den Weg zu geben. Für die Reitschüler stehen acht gut ausgebildete Westernreitpferde zur Verfügung. „Das sind Pferde, auf die man sich verlassen kann", sagt Claudia Henseler. „Bei uns braucht keiner Angst zu haben."

Das schätzen vor allem Paare, die auf dem Westernreiterhof Wegekaten zusammen Urlaub machen. Viele Frauen wünschen sich, mit ihrem Freund oder Ehemann diese Leidenschaft zu teilen. „Die klassischen Reitweisen kommen für Männer meistens nicht in Frage", erzählt die Ausbilderin lachend, „die fühlen sich beim Westernreiten besser aufgehoben."

Die Feriengäste können gemütliche Ferienwohnungen in einer Reetdachkate mieten und die ländliche Idylle der Holsteinischen Schweiz genießen. Direkt am Hof beginnt das herrliche Ausreitgelände. Die Westernreitpferde sind ruhig und ausgeglichen: „Ich kann sogar mit Anfängern gleich ausreiten", erzählt Claudia Henseler.

Ihre Pferde stammen vorwiegend aus eigener Zucht. Auf dem Westernreiterhof züchtet Claudia Henseler zusammen ihrem Ehemann

Gerald Appaloosa, Quarter-Horses und Paint Horses. Die zwölf Zuchtstuten verbringen die ersten Monate mit ihren Fohlen auf separaten Koppeln. Nach dem Absetzen wachsen die Jungpferde mit ihren Artgenossen in Offenstallhaltung auf.

Auf dem Hof in Krems finden zudem viele Veranstaltungen statt, z.B. Western-Weekends, Geburtstagsfeiern im Westernsattel für Kinder und Jugendliche sowie – ganze neu – ein Reiterlebnis für Singles, das „Rendezvous zu Pferd".

**Kalles Insider-Tipp**
Reiten ist vor allem ein Sport für Mädchen und Frauen. Harald Euler, Professor für Psychologie an der Universität Kassel, weiss auch warum: „Der Pferdevernarrtheit liegt eine Bindungsmotivation zugrunde: Das Pferd ist ein Partner; es vermittelt Sicherheit, Geborgenheit und Trost." Für Jungen und Männer sei das Pferd hingegen eher ein Sportgerät.

**Westernreiterhof Wegekaten**
Claudia Henseler
Wegekaten 1 bis 2
23827 Krems
Tel.: 04559-230005
Fax: 04559-1279
Mobil: 0172-4249803
E-Mail: info@wegekaten.de
www.westernreiterhof-wegekaten.de

Tiny Stable – Landkreis Dithmarschen

# Klein, aber fein: Hier befinden sich Reitschüler in guten Händen

„Tiny" kommt aus dem Englischen und bedeutet „klein" oder „winzig". Christian Thewes hat den Namen für seinen Westernreitstall bewusst ausgewählt, denn der Betrieb in Nordhastedt ist klein und familiär. Der gelernte Erzieher und Western-B-Trainer bietet Unterricht im Westernreiten und pädagogisches Reiten auf gut ausgebildeten Ponys und Pferden an. Seine Schüler sind vor allem Kinder und Jugendliche, die sich zum Beispiel schlecht konzentrieren können oder in ihrem Sozialverhalten auffällig sind. „Zu mir kommen viele Eltern, die nicht nur wollen, dass ihre Kinder unterrichtet, sondern auch vernünftig betreut werden", sagt Christian Thewes. Damit dies auch möglich ist, bestehen alle Gruppen aus höchstens vier Reitschülern. „Jedes Kind hat seine feste Gruppe und ein Patenpony, das halte ich für sehr wichtig", sagt der leidenschaftliche Wes-

*Christian Thewes hat ein Händchen für Pferde.*

ternreiter, der ansonsten in den Disziplinen Horsemanship, Pleasure, Trail und Reining trainiert.

Christian Thewes wurde in Westfalen geboren, lebt aber seit seiner Kindheit in Dithmarschen. Er wuchs in einer pferdebegeisterten Familie auf und bekam mit bereits acht Jahren ein eigenes Pony. Vor etwa fünfzehn Jahren entdeckte er das Westernreiten. Zunächst begeisterten den Erzieher die tollen Sättel und das „coole" Outfit, aber später auch das „Horsemanship" – die Philosophie, die dem Westernreiten zugrunde liegt. 2009 legte er die Trainer-B-Prüfung im Westernreiten ab und besucht seitdem Kurse und Fortbildungen zum Thema pädagogisch orientiertes Reiten.

Der Tiny Stable ist klein, aber fein. Es gibt einen Stall mit drei Innenboxen und einem großen Paddock, einen Offenstall für die Ponys, eine kleine Werkstatt, ein Holzhäuschen als Aufenthaltsraum und einen professionell angelegten Reitplatz. Eine Reithalle ist im Sommer 2010 fertig gestellt worden. Die Pferde tummeln sich den ganzen Tag auf 3,5 Hektar Weideland.

**Tiny Stable**
Christian Thewes
Gaushorner Straße 18
25785 Nordhastedt
Tel.: 0178-3630426
E-Mail: *info@tiny-stable.de*
www.tinystable.de

*Familie Nissen engagiert sich für den Turniersport in Schleswig-Holstein.*

Reitstall Nissen Neu Schensbyhof – Landkreis Schleswig-Flensburg

# Jungen für den Reitsport begeistern

Hanne Frank-Nissen hat ihr Hobby Reiten zum Beruf gemacht. Zusammen mit ihrem Ehemann Peter-Jürgen bildet die gelernte Kinderkrankenschwester auf dem Neu-Schwensbyhof in Sörup mit viel Engagement Pferde und Reiter aus. Die Amateurreitlehrerin bietet u.a. Dressur- und Springausbildung in kleinen Gruppen für Anfänger, Fortgeschrittene und Turnierreiter, aber auch Vielseitigkeitstraining auf auswärtigen Trainingsplätzen. Besonders am Herzen liegt dem Ehepaar Nissen die Ausbildung der Kinder und jugendlichen Reiter. Peter-Jürgen Nissen ist Richter (international) und Vorstandsmitglied des Pferdesportverbandes Schleswig-Holstein und kann den Schülern immer die neuesten Ausbildungsmethoden vermitteln. Zum Angebot für die Reitschüler gehören zudem Reitabzeichenlehrgänge, individuelle Turniervorbereitung und Jugendförderung mit unterschiedlichen Ausbildern. Hanne Frank-Nissen setzt sich besonders dafür ein, Jungen für den Reitsport zu begeistern. Die Mutter von zwei Söhnen weiß aus eigener Erfahrung, dass der Unterricht mit jungen Reitern etwas anders als bei den Mädchen gestaltet sein sollte: „Im Reitunterricht mit den Jungen darf der Spaß nicht zu kurz kommen", erzählt die Ausbilderin. „Da machen wir auch einmal Quatsch und üben zum Beispiel vom Pferd zu fallen." Ihre beiden Söhne Sören und Hanno begannen schon in jungen Jahren mit dem Ponyreiten und brachten irgendwann ihre Schulkameraden mit. Auf diese Weise entstand die erste Jungengruppe im Schulunterricht. „Einige hören nach einer gewissen Zeit mit dem Reiten wieder auf", sagt Frank-Nissen. „Andere kommen aber auch wieder und wollen dann erneut am Unterricht teil nehmen."

Pensionspferde sind auf dem Hof der Familie Nissen ebenfalls herzlich willkommen. Den Einstellern stehen zwei Reithallen, ein Außenreitplatz (20 x 60 m) und ein großzügiger Springgarten (2 x 20 x 40 m) zur Verfügung. Ein gemütliches Reiterstübchen lädt zum Klönschnack ein.

**Reitstall Nissen Neu Schwensbyhof**
Hanne Frank-Nissen und Peter-Jürgen Nissen
Kappelner Straße 39
24966 Sörup
Tel.: 04635-2136
Fax: 04635-1715
Mobil: 0171-5297673
E-Mail: *peter.j.nissen@t-online.de*
*www.reitstall-nissen.de*
*www.reitverein-soerup.de*

Reitstall Beume – Landkreis Steinburg

# Heilpädagogisches Reiten im „normalen" Unterricht

Geistig und/oder auch körperlich behinderte Kinder, Jugendliche und Erwachsene können durch das Therapeutische Reiten gefördert und unterstützt werden. Sabine Beume bietet auf ihrem Hof in Vaalermoor verschiedene Angebote für Menschen mit Handicap. Die Realschullehrerin sammelte bereits in ihrer Kindheit erste Erfahrungen mit Behinderten: „Ich habe schon als junges Mädchen die Ponys bei der Hippotherapie geführt", erzählt sie lachend.

Seit über 14 Jahren bietet Sabine Beume zusammen mit ihrem Team Therapeutisches Reiten, Heilpädagogisches Voltigieren und Hippotherapie für Menschen mit Handicap an. Als Lehrerin arbeitet die engagierte Ausbilderin an ihrer Schule auch in integrativen Klassen. Dieses Konzept hat sie schließlich auf ihren Reitunterricht übertragen: „Wir integrieren das heilpädagogische Reiten in den normalen Unterricht." Bereits 30 behinderte Kinder und Jugendliche haben nach Absprache mit den Richtern bei ihr das „Kleine Hufeisen" absolviert.

> **Kalles Insider-Tipp**
> Ein Pferd kann die Arbeit des Krankengymnasten, des Pädagogen, des Ergotherapeuten oder des Psychologen unterstützen. Das Deutsche Kuratorium für Therapeutisches Reiten prägt seit 40 Jahren die Ausgestaltung und Ausbildung im Therapeutischen Reiten. Mehr Infos unter: **www.dkthr.de**

Nichtbehinderte Kinder, Jugendliche und Erwachsene erlernen auf gut ausgebildeten Ponys und Großpferden die Klassische Reitweise kennen. Zum Unterricht gehört unter anderem das Training für Gelassenheitsprüfungen und Geländetraining. Talentierte junge Reiterinnen und Reiter dürfen sogar an Turnieren teilnehmen. Ein besonderes Angebot ist das Quadrillereiten. „Das ist ein toller Mannschaftssport, bei der vor allem die Teamfähigkeit geschult wird", meint Sabine Beume. Das Training findet auf den Schulponys und -pferden statt, Neuzugänge sind immer willkommen. Das Quadrilleteam vom Reitstall Beume errang bereits den Landesmeistertitel, startet auf Turnieren und wird auf Veranstaltungen eingeladen.

**Reitstall Beume Vaalermoor**
Sabine Beume
Westende 15
25594 Vaalermoor
Tel.: 04823-7343
E-Mail: *info@reitstall-beume.de*
*www.reitstall-beume.de*

*Kinder mit Handicap fühlen sich auf dem Pferderücken gut aufgehoben.*

## AUSBILDUNG VON PFERD UND REITER

*Die kleinen Reitschüler lernen auf spielerische Weise.*

Ponyschule Schulz – Landkreis Segeberg

# Christa Schulz: „Ich bin ein Ponyfan"

Die Ponyschule Schulz liegt am Rande des Segeberger Forstes, mitten in einem der schönsten Ausreitgebiete von Schleswig-Holstein. Christa Schulz und ihr Team unterrichten hier Kinder, Jugendliche, aber auch Erwachsene auf gut ausgebildeten Ponys. „Ich bin ein echter Ponyfan", sagt die gelernte Kinderkrankenschwester und Reittherapeutin. Sie züchtete bereits einige Jahre Fjordponys und arbeitete auf verschiedenen Ponyhöfen, bis sie sich auf dem landwirtschaftlichen Betrieb ihres Ehemannes in Bimöhlen mit der Ponyschule selbstständig machte. Ihr Ziel ist es, die Kinder und Jugendlichen zu verantwortungsvollen Reitern auszubilden: „Die Basisarbeit ist mir sehr wichtig. Die Kinder sollen lernen, sich auf die Bedürfnisse eines Ponys einzustellen, und es nicht nur als Sportgerät zu betrachten."

Für die jungen Reitschüler, die in kleinen Gruppen unterrichtet werden, stehen Ponys in verschiedenen Größen zur Verfügung – vom Shetlandpony bis zum großrahmigen Tinker Pony. Alle Vierbeiner sind ruhig und menschenbezogen, sodass auch ängstliche Reiter sofort Vertrauen gewinnen. Christa

Schulz absolvierte vor 35 Jahren bei der Reiterlichen Vereinigung die Prüfung zum Amateur-Reitwart, Tochter Anne-Marie hat eine reitpädagogische Ausbildung. Mutter und Tochter bilden ihre Ponys selbst aus.
Alle Ponys leben artgerecht im Herdenverband in Offenstallhaltung mit täglichem Auslauf auf großen Weiden. Darüber hinaus gibt es noch einen Pensionsbetrieb. Die Einsteller schätzen die ruhige und familiäre Atmosphäre. Eine kleine Reithalle, ein Außenreitplatz, ein Spring- und Trailplatz sowie ein Roundpen runden das Angebot ab.

**Die Ponyschule**
Familie Schulz
Stellbrookmoor
24576 Bimöhlen-Weide
Tel.: 04195-812
E-Mail: *info@die-ponyschule-schulz.de*
*www.die-ponyschule-schulz.de*

Gut Aspern – Landkreis Pinneberg

# Christopher Kirsch: "Polo verkörpert echte Werte und gelebte Tradition"

Gut Aspern ist die erste Adresse für Polosport in Schleswig-Holstein. Die aus dem 16. Jahrhundert stammende Anlage in Groß Offenseth-Aspern vor den Toren Hamburgs ist Sitz des Polo-Clubs Schleswig-Holstein und der Polo Academy. Zwei Full Size Turnier-Polofelder stehen den Spielern und Gästen zur Verfügung.

Der deutsche Nationalspieler Christopher Kirsch unterrichtet hier alle Polo-Interessierten, die diesen Sport erlernen oder einfach nur einmal hineinschnuppern möchten. Die Academy bietet für Anfänger und fortgeschrittene Reiter Kurse zu fairen Einsteigerpreisen an.

Der Polosport gewinnt seit einiger Zeit immer mehr an Popularität. Daher wächst auch die Nachfrage nach professionellen Poloschulen in Deutschland. "Polo verkörpert echte Werte und gelebte Traditionen", sagt Christopher Kirsch. Ihm sei es sehr wichtig, diesen atemberaubenden Sport vielen Pferdefreunden näherzubringen. "Wir hoffen, bei uns möglichst viele neue Polofans zu gewinnen."

Christopher Kirsch absolvierte beim englischen Poloverband „Hurlingham Polo Association (HPA)" eine dreijährige Ausbildung zum „International Coach". Die HPA ist die maßgebende Institution für den europäischen Polosport und stellt unter anderen die interkontinentalen Spielregeln auf. Christopher Kirsch hat dort den höchsten Grad, den man als Trainer erreichen kann. Außerdem bietet die Polo Academy als besondere Firmen-Events die „Polo Incentive Days" an.

Es ist Faszination pur, wenn die Polo-Artisten im Sattel im vollen Galopp, bei bis zu 60 Stundenkilometern, die harte weiße Kunststoffkugel über 100 Meter weit präzise in Richtung Tor schlagen. Eine Polomannschaft besteht aus vier Spielern. Es gibt keinen Torwart. Grundsätzlich können Pferde jeder Herkunft und Größe eingesetzt werden.

**Gut Aspern**
Christopher Kirsch
Rosenstrasse 3
25355 Groß Offenseth-Aspern
Tel. 04123-92290
www.gut-aspern.de

*Ein rasanter Sport: Polo auf Gut Aspern*

**AUSBILDUNG VON PFERD UND REITER**

Abenteuer Wanderreiten – Landkreis Plön

# Einfach gemütlich ins Gelände reiten

Wer davon träumt, auf dem Rücken eines Pferdes die Natur zu erleben, ist bei Wiebke Nahrgang am Schönberger-Strand an der richtigen Adresse. Die begeisterte Wanderreiterin bietet Urlaubern, aber auch Reitanfängern, die Möglichkeit, sich auf ihrem Hof auf gut ausgebildeten Schulpferden und -ponys auf Ausritte und Tagesritte vorzubereiten. „Viele meiner Schüler wollen nach einem anstrengenden Arbeitstag einfach gemütlich ins Gelände reiten", sagt Wiebke Nahrgang. Der Unterricht findet je nach Wetter und Ausbildungsstand im Gelände oder in der Reithalle statt. Direkt hinter dem Stall beginnt das Ausreitgelände mit vielen Feldwegen. Außerhalb der Badesaison ist es auch möglich, an den Schönberger Strand zu reiten.

In den Sommerferien bietet die ausgebildete Wanderreitführerin und Fahrtrainerin auch mehrtägige Wanderritte an. Pro Tag sind die Teilnehmer vier Stunden mit den Pferden unterwegs. Übernachtet wird entweder im Zelt oder in Ferienwohnungen. Außer dem Reiten gibt es ein abwechslungsreiches Freizeitprogramm: Kochen am Lagerfeuer, Baden, mit dem Tretboot fahren oder der Besuch einer Kerzenscheune. „Unsere Wanderritte sind richtige kleine Abenteuer", erzählt Wiebke Nahrgang.

*Pferde und Reiter genießen die Natur.*

Fortgeschrittene Reiter können ihre Fähigkeiten durch Dressurübungen, Reiterspiele, Reiten ohne Sattel und Trense sowie Bodenarbeit vertiefen. Alle Vierbeiner sind ruhig und menschenbezogen, sodass sich die Reitschüler vor allem auf sich selbst und ihren Sitz konzentrieren können. Auch Pensionspferde sind herzlich willkommen. Für Interessierte bietet der Betrieb Fahrkurse mit Prüfung zum Fahrpass an oder einfach nur eine entspannte Kutschfahrt durch die Natur. Die Pferde sind im Sommer Tag und Nacht auf der Weide, im Winter gibt es einen großen Auslauf mit zwei Offenställen. Der Stall wurde von der Laufstall Arbeitsgemeinschaft (LAG) mit vier Sternen ausgezeichnet.

**Abenteuer Wanderreiten**
Wiebke Nahrgang
Wiesenweg 3
24217 Schönberger Strand
Tel.: 04344-412342
E-Mail: *Abenteuer.Wanderreiten@t-online.de*
*www.abenteuer-wanderreiten.de*

AUSBILDUNG VON PFERD UND REITER

Reitschule Gut Altenhof – Kreis Rendsburg-Eckernförde

# Die Natur auf dem Rücken eines Pferdes erleben

Seit Anfang 2010 gibt es auf Gut Altenhof in Eckernförde eine Reitschule. Charlott Astrup bietet Reitunterricht für Kinder, Jugendliche und Erwachsene an. „Es ist so wunderschön hier", sagt die M- und S-Dressurreiterin lachend. Bislang sei ihr Angebot noch „klein", aber sie plane ihre Reitschule weiter auszubauen. Die Bedingungen auf Gut Altenhof seien dafür ideal. Charlott Astrup unterrichtet mit fundiertem Fachwissen vor allem Dressur, angelehnt an die Klassische Reitweise. Ihr Ziel ist es, Pferd und Reiter in Einklang zu bringen, um später Ausritte durch die Natur und an den Strand genießen zu können. Reitschüler und auch Gäste können von Gut Altenhof aus direkt an die Ostsee reiten, ohne eine Straße überqueren zu müssen. Geritten wird auf Isländern, die für ihre Gutmütigkeit bekannt sind. Charlott Astrup ist Pferdewirtschaftsmeisterin und FN-Trainerin, bildet Jungpferde aus und bietet den Beritt und die Korrektur von Pferden an. Wer möchte, kann auch das eigene Pferd mitbringen und in den geräumigen Stallungen des Gutes unterstellen. Es sind auch Übernachtungsmöglichkeiten im Herrenhaus und in Ferienhäusern direkt am Strand vorhanden.

Gut Altenhof liegt inmitten eines Laubwaldes direkt an der Eckernförder Bucht, am westlichen Rande des Dänischen Wohlds. Die meisten Pferdefreunde in Schleswig-Holstein kennen das historische Gut, denn dort

*Charlott Astrup bietet Strandritte auf Isländern an.*

wird jedes Jahr das CSI Altenhof veranstaltet, eines der Top-Events im Norden. Seit 1691 befand sich Altenhof im Besitz der Familie von Reventlow, heute gehört Gut Altenhof der Familie von Bethmann-Hollweg. Christoph von Bethmann-Hollweg hat das Gut zu einem modernen Betrieb für Sport und Kultur ausgebaut, u.a. entstand in dem Park mit seinem 200 Jahre alten Baumbestand eine der schönsten Golfanlagen Schleswig-Holsteins. Christoph von Bethmann-Hollweg stand zwei Jahrzehnte dem Holsteiner Verband in ehrenamtlicher Tätigkeit als Präsident vor. Heute befindet sich Altenhof im Besitz seines Sohnes Felix Eugen (und wird von seinem Bruder Julius geführt).

**Reitschule Gut Altenhof**
Charlott Astrup, FN-Trainerin B,
Pferdewirtschaftsmeister
24340 Eckernförde
Tel.: 0162-2380596
E-Mail: *charlott.astrup@gmx.net*
www.gutaltenhof.de

Roger`s Area – Landkreis Schleswig-Flensburg

# Texas-Feeling im hohen Norden

*Besser geht es nicht.*

Der Wilde Westen fängt in Boklund an. Roger Rahn bietet auf seiner Ranch ein authentisches Texas-Feeling. Der waschechte Schleswig-Holsteiner lernte in dem USA-Bundesstaat das Westernreiten kennen und lieben: „Mir hat diese ursprüngliche Reitweise auf Anhieb gefallen", erzählt der gelernte Maurer, „ich bin nämlich kein Turnierreitertyp." Die Arbeitsweise der Cowboys liegt ihm besonders am Herzen. Dies bedeutet, die auf einer Ranch anfallenden Arbeiten, wie zum Beispiel das Treiben von Vieh oder das Öffnen von Toren, vom Pferd aus ausführen zu können. Wer diese Reitweise kennen lernen möchte, kann in den Sommermonaten an Ranchwochenenden teilnehmen. Roger bietet auch Roundpen- und Bodenarbeitskurse, Verladetraining und Unterricht im Westernreiten an.

Auch Einsteller sind herzlich willkommen. Es gibt einen großen, drainierten Außenplatz, eine kleine Halle, einen Round Pen und einen Natur-Trailplatz. Die Pensionspferde stehen in drei Gruppen auf großzügigen Paddocks mit Unterstand, überdachter Heuraufe und Einzelbuchten zur Fütterung von Kraftfutter. Im Sommer kommen die Pferde auf die angrenzenden Weiden.

Seit über vier Jahren versuchen Roger und seine Frau Nicola zudem die Disziplin Cowboy Mounted Shooting in Deutschland bekannt zu machen. Beim Wettkampf müssen die Teilnehmer im rasanten Tempo auf Luftballone schießen. „Wir benutzen aber keine Patronen, sondern Schwarzpulver", er-

*Roger und Nicola sind Westernreiter mit Herz und Seele.*

klärt der Westernreiter. In den USA ist diese Disziplin sehr verbreitet und anerkannt, in Deutschland gibt es noch einige Vorbehalte und bürokratische Hürden, da Reitställe bisher keine Schießstände sein können. „Daran arbeiten wir noch", sagt der Ranchbesitzer und fügt hinzu: „Pioniere haben es immer etwas schwerer." Er und seine Frau Nicola nahmen 2008 und 2009 bei den Weltmeisterschaften in Amarillo im US-Bundesstaat Texas teil: „Von 400 Teilnehmern sind wir im Mittelfeld gelandet und darauf können wir, glaube ich, sehr stolz sein."

Das Schießen zu Pferde scheint übrigens nicht nur Männer zu interessieren, so Rogers Erfahrung: „Es sind sehr viele Frauen dabei, das ist wirklich erstaunlich." 2010 wurden auf der Ranch die ersten Deutschen Meisterschaften ausgetragen; bei den Frauen gewann Nicola Rahn.

**Roger`s Area**
Roger Rahn
Dörpstraat 1
24848 Boklund
Tel: 04624-1223
E-Mail: *Roger.Rahn@t-online.de*
www.rogers-area.de

## AUSBILDUNG VON PFERD UND REITER

*Norbert Spieß*

Berittenes Bogenschießen Norbert Spieß – Landkreis Plön

# Die Kunst des zügellosen Reitens

Das berittene Bogenschießen ist eine historische Kampfkunst, die auch in Schleswig-Holstein immer mehr Anhänger findet. Norbert Spieß zeigt interessierten Reiterinnen und Reitern, wie man vom Pferd aus mit Pfeil und Bogen ein Ziel trifft. „Ich bin über den Reitunterricht zu dieser Sportart gekommen", erzählt der Juwelier aus Malente. Gemeinsam mit seiner Reitlehrerin besuchte er seinen ersten Kurs im berittenen Bogenschießen, um die Idee des „zügellosen Reitens" zu realisieren. „Ja, und seitdem bin ich von dieser Kampfkunst begeistert."

Reitervölker in den Steppenregionen Zentralasiens nutzten diese Kampftechnik bereits ein Jahrtausend vor Christus, um sich gegen ihre Feinde zur Wehr zu setzen – mit Erfolg. In den 80er Jahren wurde das berittene Bogenschießen durch den Ungarn Lajos Kassai in Europa populär. Heute gibt es verschiedene Arten dieser Sportart, die sich aber nur sehr wenig voneinander unterscheiden. Der Reiter muss im Galopp mit Pfeil und Bogen ein Ziel treffen. Je nach Trefferquote gibt es Punkte. „Reiterbögen sind kurze Bögen, die dem Schützen eine größere Bewegungsfreiheit bieten, ohne das Pferd zu stören", erklärt Norbert Spieß „aber sie stehen den Langbögen von der Reichweite her in nichts nach." Der Familienvater wurde 2009 Deutscher Vizemeister in einer Diziplin des berittenen Bogenschießens und holte ein Jahr später bei den Internationalen Wettspielen in Korea eine Gold- und drei Silbermedaillen.

Der Schütze vermittelt sein Wissen und Können gern interessierten Reitern und Pferdefreunden. Das Angebot richtet sich auch an Kinder. Auf der Galloway Ranch in Giekau ist es möglich, an Kursen teilzunehmen. Zunächst wird das Bogenschießen vom Boden aus geübt. Eine Reitlehrerin zeigt den Schülerinnen und Schülern dann, wie man mit den ruhigen Pferden umgeht. An der Longe lernen Anfänger dann, ohne Zügel auszukommen und sich „nur" auf das Sitzen und die Gewichtshilfen zu konzentrieren. Den meisten gelingt es am Ende des Kurses, aus dem Galopp mit Pfeil und Bogen ein Ziel zu treffen.

**Berittenes Bogenschießen Norbert Spieß**
c/o Galloway Ranch
Am Buchholz 8
24321 Giekau
Tel. (Norbert Spieß): 04523-1667

**AUSBILDUNG VON PFERD UND REITER**

*Optimale Trainingsbedingungen für Vielseitigkeits- und Geländereiter*

Reiterpark Max Habel Süseler Baum – Landkreis Ostholstein

# Ein Geländepark für Freizeitreiter und „Profis"

Der Reiterpark Max Habel, benannt nach dem ehemaligen Bundestrainer und Ausbildungsleiter für die Vielseitigkeitsreiterei in der Bundesrepublik (1968 bis 1980), befindet sich in Süsel in der Nähe von Eutin. Der Pferdesport- und Förderverein (PSFV) Süseler Baum betreibt den Park nach den Grundsätzen der überlieferten Reitlehre und den Vorstellungen von Max Habel. Dieser beschrieb in seinem Buch „Vielseitigkeitsreiten" (Limpert-Verlag 1982) die Möglichkeiten für die Anlage eines Reiterparks. Am Süseler Baum bot sich 1979 die Möglichkeit, diese Idee in die Tat umzusetzen. Der Reiterpark wurde am 5. August 1987 feierlich eröffnet. Beim ersten

Bundeschampionat für das deutsche Geländepferd, das dort am 12. und 13. September 1987 ausgetragen wurde, erhielt der Reiterpark den Namen seines geistigen Vaters Max Habel. Ziel des Reiterparks ist und war es, Reiter und ihre Pferde möglichst frühzeitig an das Geländereiten heranzuführen und die Ausbildung im Gelände zu verbessern.

Der Hauptteil des Reiterparks befindet sich in einer ehemaligen Kieskuhle und bietet viele schöne Naturhindernisse und angelegte Wasserstellen. Weiterhin steht eine Galopprennbahn von 1500 Meter Länge auf dem insgesamt 10,7 Hektar großen Areal zur Verfügung. Reiter können hier Bergauf- und Bergabreiten, Auf- und Tiefsprünge und die Arbeit am und im Wasser trainieren. Nicht nur Buschreiter, sondern auch Breiten- und Freizeitsportler sind herzlich willkommen. Auf Wunsch können die Reiter unter der Anleitung verschiedener fachkundiger Ausbilder trainieren. Darüber hinaus finden Lehrgänge, auch für Gespannfahrer, und Turniere statt. Schließlich ist der Max Habel Reiterpark Ausgangspunkt für Distanz- und Wanderritte. Von hier aus findet im Frühjahr der Ostsee-Distanzritt statt.

Der Geländepark ist das ganze Jahr über geöffnet. Wer hier reiten möchte, muss sich anmelden und eine Gebühr entrichten, Mitglieder zahlen ihren jährlichen Mitgliedsbeitrag und sind von weiteren Gebühren befreit.

**Reiterpark Max Habel**
Hans-Peter Scheunemann
Alter Schulweg 9
24238 Sellin
Tel: 04521-3740 oder 04383-883
*www.reiterpark-maxhabel.de*

## Distanzreiten

Das Distanzreiten ist auch in Schleswig-Holstein beliebt. Ein wichtiges Event ist der Ostsee-Distanzritt, der einmal im Jahr stattfindet. Beim Distanzreiten geht es darum, mit dem Pferd eine vorgegebene Distanz in schnellstmöglicher Zeit zu reiten. Während des Rittes werden die Pferde in den sogenannten Vet-Gates tierärztlich untersucht. Nur Pferde, die ohne Beanstandung die tierärztlichen Untersuchungen durchlaufen, dürfen den Distanzritt fortsetzen.

Mit Überreiten der Ziellinie ist der Ritt aber noch nicht beendet. Das Pferd muss den Tierärzten innerhalb einer vorgeschriebenen Zeit vorgestellt werden. Nur wenn Puls, Atmung, Bewegungsablauf und Gesundheitszustand dann zufriedenstellend sind, ist der eigentliche Wettkampf beendet. Es muss also nicht zwangsläufig der gewinnen, der als erster im Ziel ist. Die Königsdistanz in diesem Marathon zu Pferde ist der 100 Meiler. Reiter und Pferd legen 160 Kilometer an einem Tag zurück. Bis dahin ist es aber ein weiter Weg. Internationale Ritte werden ab einer Länge von 80 km ausgeschrieben.

Für Einführungs- und nationale Ritte ist in Deutschland der Verein Deutscher Distanzreiter (www.vdd-aktuell.de) zuständig.

Lehr- und Versuchszentrum Futterkamp – Landkreis Plön

# Alles zum Thema; „Rund um`s Pferd"

Das Lehr- und Versuchszentrum Futterkamp in Blekendorf gehört zur Landwirtschaftskammer Schleswig-Holstein in Rendsburg und bietet umfangreiche Bildungs- und Beratungsangebote, u.a. für die Rinder- und Schweine-, aber eben auch die Pferdehaltung. Für diesen Bereich ist Jürgen Lamp zuständig. Es gibt eine Reithalle (20 x 60 Meter) mit 200 Sitzplätzen, in der das ganze Jahr über zum Thema „Rund um`s Pferd" Seminare stattfinden. Hier ist auch der Standort der Landesberufsschule für Pferdewirte und Pferdewerker (Info siehe unten).

Zu den Aufgaben des Referates Pferdehaltung gehören u.a.: Seminare für Pferdehalter, Reiter, Fahrer und Besitzer von Ferien-Reitbetrieben, Vorbereitung auf die Prüfung zum Sachkundenachweis und eine fachliche Beratung für die Betreiber von Pferdepensions-Ställen. Darüber hinaus beteiligen sich die Mitarbeiter bei der Entwicklung des Reitwegenetzes in Schleswig-Holstein und organisieren Lehrfahrten in Schleswig-Holstein.

Die Lehrgangsangebote sind sehr vielfältig und umfangreich. Es gibt Reit- und Fahrkurse und verschiedene Seminare u.a. zu den Themen: „Praktische Hufpflege", „Osteopathie und Reiten", „Pferdefütterung" sowie „Marketing für Stallbetreiber". Die Seminargebühren betragen in der Regel 65,00 Euro pro Tag.
Mehr Infos unter: www.lwksh.de

**Lehr- und Versuchszentrum Futterkamp**
Jürgen Lamp
24327 Blekendorf
Tel.: 04381-9009-58
Fax: 04381-9009-8
E-Mail: *jlamp@lksh.de*
Fachgebiete: Beratung Pferdehaltung, Ausbildung Pferdehaltung

**Traumberuf Pferdewirt:**

Einer der beliebtesten Pferdejobs ist immer noch Bereiter in einem Ausbildungsstall oder Reitbetrieb. Wer diesen Beruf anstrebt, sollte außer der Liebe zum Pferd auch belastbar und arbeitswillig sein. In einem Reitbetrieb gibt es viel zu tun: Füttern, Bereiten der Pferde, Misten, Reitunterricht erteilen und Pferde auf die Koppel bringen. Ein geregelter Acht-Stunden-Tag ist nicht zu erwarten, oft müssen die Lehrlinge auch am Wochenende arbeiten. Der zukünftige Lehrling sollte zudem schon auf einem gewissen Niveau, das heißt, mindestens auf A-Niveau, reiten. Wer sich zum Pferdewirt ausbilden lassen möchte, kann zwischen zwei Schwerpunkten wählen: Schwerpunkt Reiten (Bereiter FN) und Schwerpunkt Zucht und Haltung. Die Ausbildung dauert drei Jahre.
Mehr Informationen bei der Deutschen Reiterlichen Vereinigung (FN) unter: **www.fn-dokr.de**

# Itzehoer Versicherungen:
## Ein verlässlicher und kompetenter Partner für den Pferdesport

Der Reitsport in Schleswig-Holstein hat eine große wirtschaftliche Bedeutung, insbesondere für den ländlichen Raum. Das Umsatzvolumen beträgt nach einer Schätzung des Pferdesportverbandes Schleswig-Holstein (PSH) 350.000.000 Euro jährlich. Reitsport und Pferdezucht leisten also einen erheblichen Beitrag zur Stärkung der Region. „Wir unterstützen diese Entwicklung mit ganzer Kraft", sagt Wolfgang Bitter, Vorstandsvorsitzender der Itzehoer Versicherungen. Das Unternehmen arbeitet eng mit dem PSH zusammen. Der größte unabhängige Versicherer des Nordens hat seine Wurzeln im landwirtschaftlichen Bereich. „Getreu dem Leitsatz ‚aus der Region – für die Region' sind wir aufs Engste mit Land und Leuten verbunden", so Wolfgang Bitter weiter.

Das höchste Glück der Erde liegt auf dem Rücken der Pferde – so denken und fühlen die rund 100 000 Reiterinnen und Reiter in Schleswig-Holstein. Leider ist dieser Sport auch mit Risiken verbunden; zum Beispiel können freilaufende Pferde Autos beschädigen, oder die Winterdecke des Stallnachbarn kaputt knabbern. Zudem besteht die Gefahr, dass private Reitbeteiligungen Schaden verursachen oder sich verletzen.

Für diese Fälle hat die Itzehoer Versicherung in Kooperation mit dem PSH ein exklusives Servicepaket für die Verbandsmitglieder entwickelt, das individuelle und maßgeschneiderte Versicherungen für Reiterinnen und Reiter bietet. Bei Missgeschicken der Vierbeiner greift die normale Haftpflichtversicherung nicht. Zu diesem Sicherheitspaket zählt daher eine umfassende Pferdehaftpflichtversicherung, die beispielsweise Personen- und Sachschäden bis zu einer Höhe von fünf Millionen Euro abdeckt. Außerdem gewährleistet sie beispielsweise Schutz bei Schäden an gemieteten Stallungen, Hallen oder Transportwagen oder bei Schäden an und durch private Reitbeteiligungen. Außerdem bietet das PSH Service-Paket attraktive Bedingungen für die Altersvorsorge.

Darüber hinaus verstehen sich die Itzehoer Versicherungen als verlässlicher Partner für Pensionsställe sowie Zucht-, Ausbildungs- und Ferienbetriebe. „Viele unserer Spezialisten sind selbst Reiter und können daher optimale Lösungsvorschläge für die Probleme der Betriebsinhaber erarbeiten", meint Volker Picht, Vertriebsreferent der Itzehoer. Schließlich engagiert sich die Versicherung bei Turnieren und in vielen Projekten und Veranstaltungen rund um den Reitsport.

**Itzehoer Versicherungen**
Itzehoer Platz
25521 Itzehoe
Tel.: 04821-7730
Fax: 04821-7738888
Mail: *info@itzehoer.de*
Web: *www.itzehoer.de*

# Reiterferien in Schleswig Holstein

*Reiterferien wie im Bilderbuch*

Schleswig-Holstein ist das Land zwischen den Meeren, zwischen Nordsee und Ostsee. Reiterferien in Schleswig-Holstein sind traumhaft für Menschen, die das Meer lieben. „Fast alle Urlauber wollen an den Strand reiten", sagt Jan H. Wollesen, der Reiterferien auf seinem Hof in Süderlügum anbietet. „Der Strandritt in St. Peter-Ording ist für unsere kleinen Gäste ein ganz besonderes Highlight", bestätigt Gudrun Wieczorek vom Seaside Ponyland Norddeich. Aber natürlich haben auch Ferienbetriebe im Binnenland einiges zu bieten. Auf dem Ponyhof Wendell reiten die Kinder und Jugendlichen auf Shetland-Ponys, die von den legendären kleinen Vierbeinern des „Immenhofs" von Gut Segalendorf in Ostholstein abstammen. Auf dem Augustenhof in Höbek dürfen die jungen Gäste nicht nur reiten, sondern auch den Alltag auf einem Bauernhof live erleben. Es gibt Kühe, Schweine, Kaninchen und Hühner: „Die Kinder können alle Tiere streicheln, füttern oder spazieren führen", erzählt Betriebschef Stefan Prang. Viele Reiterferienbetriebe bieten ein umfangreiches Rahmenprogramm: Ausreiten, Kutschfahrten, Putzen der Ponys und Pferde, aber auch Lagerfeuer und Schnitzeljagden sowie Diskoabende. Oft besteht für die Reiterinnen und Reiter auch die Möglichkeit, am Ende des Aufenthaltes ein Abzeichen (z.B. das Kleine oder Große Hufeisen) abzulegen. Die Gäste werden auf fast allen Betrieben mit selbst gekochten Gerichten und frisch gebackenem Kuchen oder Waffeln verwöhnt.

Besonders Mädchen lieben den Urlaub auf einem Reiterhof, aber auch viele Familien überzeugt das vielfältige Angebot. Ferienbetriebe bieten nicht nur das Reiten auf Ponys und Pferden, sondern auch Kutschfahrten, Wanderungen, Rad- und Angeltouren an. Für Jungen und Väter steht Treckerfahren und Fußballspielen auf dem Programm. 64 Urlaubshöfe haben sich dem Projekt „Komm zum Reiten nach Schleswig-Holstein" der Arbeitsgemeinschaft „Urlaub auf dem Bauernhof" angeschlossen. Die Landwirtschaftskammer in Rendsburg hat alle Betriebe auf die ordnungsgemäße Unterbringung der Pferde hin überprüft. Die Höfe befinden sich in ländlicher Umgebung entlang der Küsten oder im hügeligen und seenreichen Hinterland. Für Gastpferde gibt es großräumige, helle Boxen sowie Weideplätze oder Paddocks. Die meisten Hofbesitzer begleiten ihre Gäste bei Ausritten oder informieren ausführlich über das Reitwegenetz in der unmittelbaren Umgebung.

Mehr Infos unter: www.komm-zum-reiten.de

Ostseereitschule Lütt Piergorn – Landkreis Ostholstein

# Ausritte an den Strand und in den Wald sind besonders beliebt

Kinder und Jugendliche können in der Ostseereitschule in Dahme unbeschwerte Reiterferien genießen. Die gepflegte Reitanlage bietet eine Reithalle, einen Außenplatz, eine Geländebahn und einen Geschicklichkeitsparcours. 40 menschenbezogene und zuverlässige Ponys und Pferde stehen den jungen Gästen zur Verfügung. Das ganze Jahr über bieten Leiterin Heide-Maria Heidbüchel und ihr Team Reiterferien, Schnupperwochen und Erlebnistage an. „Diese Tage sind bei den Kindern und Jugendlichen sehr beliebt", sagt die FN-Reitlehrerin. Einsteiger könnten an einem Tag spielerisch den Umgang mit den Vierbeinern kennen lernen. „Und die Eltern freuen sich, wenn ihre Kinder einen schönen Tag bei uns erleben dürfen", fügt Heide-Maria Heidbüchel hinzu.

Die Ferienkinder, die länger bleiben, wohnen in gemütlichen Mehrbettzimmern. Jeden Tag findet Reitunterricht statt, der in verschiedenen Varianten angeboten wird: Dressur- und Springunterricht, Ringreiten oder Reiten auf der Geländebahn und dem Geschicklichkeitsparcours. Ein besonderes Highlight sind die Ausritte in den nahe gelegenen Wald und an den Strand. Es ist auch möglich, an Lehrgängen zum Kleinen und Großen Hufeisen, Basis- und Reitpass, Longierabzeichen und Reitabzeichen teilzunehmen. Darüber hinaus wird den jungen Gästen auch ein buntes Freizeitprogramm geboten: Strandbesuche, Spiel- und Bastelstunden, Grillabende und Nachtwanderungen. Während der Ferien findet jeden Montag um 17 Uhr „Die kleine Pferdeshow" statt, an der die Feriengäste teilnehmen und die sie auch mit gestalten können. „Unsere Show ist sehr beliebt", erzählt Heidbüchel. Die Kinder und Jugendlichen präsentieren Freiheitsdressuren mit Pferden, Ponys und Hunden und Kunststücke mit Ziegen. Es gibt Popcorn und selbst gebackene Waffeln und im Anschluss an die Show findet Ponyreiten statt.

Ostseereitschule Lütt Piergorn
Kinder- und Jugendreiterhof
Heide-Maria Heidbüchel
Gruberhagen
23747 Dahme
Tel.: 04364-525
Fax: 04364-471726
E-Mail: *post@ostseereitschule.de*
*www.ostseereitschule.de*

*Kinder lieben die Ponys von der Ostseereitschule Lütt Piergorn*

REITERFERIEN IN SCHLESWIG-HOLSTEIN

Landkreis Ostholstein

# Reiterpension Marlie

*Wolfgang Marlie betreut seine Schüler individuell und mit Sachverstand*

„Reiten wie von Zauberhand bewegt" ist ein Programm, das Wolfgang Marlie für Reiter jeden Alters entwickelt hat; ganz gleich, ob sie mit seiner Unterstützung zum ersten Mal Pferdeluft schnuppern wollen, Ermutigung für einen Neuanfang suchen oder ihre langjährigen Erfahrungen ausbauen und vertiefen möchten. Marlie und sein Team vermitteln ihren Schülern Vertrauen, Gelassenheit, Verständnis und Freude beim Ausprobieren und Üben. Der Ausbilder empfindet für Menschen und Pferde eine große Zuneigung. Sein Wunsch ist es, neue Möglichkeiten im Umgang mit den Vierbeinern zu entwickeln. Die Basis der Ausbildung ist die Klassische Englische Reitweise. Die Reitschüler sollen aufgrund einer leichten und einfühlsamen Hilfengebung die Freude am Reiten entdecken oder wieder finden. Um dies zu erreichen, gehen Marlie und seine Mitarbeiter individuell auf reiterliche Wünsche ein. Der Unterricht findet in Einzelstunden oder themenorientierten Kursen statt. Das Programm umfasst Bodenarbeit, Sitzschulung und Hilfengebung, die Vorbereitung auf sicheres und entspanntes Ausreiten, Wege zur Versammlung und die Psychologie des Reitpferdes.

Die Reiterpension Marlie befindet sich in Scharbeutz-Klingberg, inmitten der hügeli-

gen Landschaft der Holsteinischen Schweiz, nur drei Kilometer von der Ostsee entfernt. Gäste wohnen in behaglichen und komfortablen Zimmern und können am Reitunterricht auf gut ausgebildeten Schulpferden teilnehmen, aber auch gern ihre eigenen Pferde mitbringen. „Reiten und die Zusammenarbeit mit einem Pferd heißt für mich, zu lernen eine gute Beziehung zu ihm zu gestalten. Das hat etwas mit Glück zu tun."
In über 50 Jahren hat Marlie umfangreiches Wissen über das Wesen der Pferde, aber auch der Wünsche und Bedürfnisse seiner Reitschüler erworben. Er möchte ihnen im Unterricht Anregungen geben und Ideen vermitteln, die sie in die Lage versetzen, erfolgreich mit Pferden umzugehen. „Wer mit Liebe und Begeisterung auf sein Pferd zugeht", sagt er „kann mit ihm so arbeiten, dass es sich für ihn wie von Zauberhand bewegt."

**Reiterpension Marlie**
Wolfgang Marlie
Uhlenflucht 1 bis 5
23684 Scharbeutz-Klingberg
Tel: 04524-8220
Fax: 04524-1254
E-Mail: *info@reiterpension-marlie.de*
*www.reiterpension-marlie.de*

Traberhof Rathjen – Landkreis Rendsburg-Eckernförde
# Selber einmal Sulky fahren

*Früh übt sich, wer Trabrenn-Profi werden will.*

Der Traberhof Rathjen befindet sich im wunderschönen Naturpark Aukrug, nur knapp 40 Minuten von Hamburg entfernt. Hier bietet Traberprofi Henning Rathjen Sulkyfahrkurse an. Auf der 1000-Meter-Trainingsbahn dürfen die Pferdefreunde auf einem sicheren Zweisitzer die Zügel in die Hand nehmen: „Die meisten sind völlig überrascht von der Beschleunigung, die mit einem Sulky möglich ist", erzählt Henning Rathjen lachend. Interessierte, auch Anfänger, können einen Wochenkurs, ein Wochenende oder auch nur einen Tag zu moderaten Preisen buchen.

Für Gäste stehen zudem drei gemütliche im Sylter Stil eingerichtete Ferienwohnungen zur Verfügung. Kinder sind herzlich willkommen. Als besondere Attraktion hat der Hausherr für die jungen Feriengäste einen kleinen Sulky angeschafft, der von Ponydame Vivian gezogen wird.

Henning Rathjen gehört zu den erfolgreichsten Trabrennfahrern in Norddeutschland. Zu seinen größten Erfolgen zählen unter anderem das zweifache deutsche Vize-Championat und der achtzehnfache norddeutsche Titelgewinn sowie zahlreiche Siege und Platzierungen bei internationalen Wettbewerben. Die außergewöhnliche Erfolgsbilanz umfasst insgesamt weit über 5500 Siege, die der Routinier seit Beginn seiner Laufbahn im Jahre 1972 erlangen konnte. Auch Ehefrau Katrin Rathjen-Margraf erzielte als Amateurfahrerin bereits erste Erfolge.

Der Traberhof Rathjen ist auch ein Paradies für Reiter. Wer möchte, kann sein eigenes Pferd mitbringen und außerhalb der Trainingszeiten die sandige Trabrennbahn nutzen. Die weitläufigen Reitwege im Naturpark Aukrug sind für ausgedehnte Ausritte sehr gut geeignet. Geführte Touren sind nach Absprache möglich. Die Gäste können darüber hinaus mit den gestütseigenen Pferden ins Gelände reiten.

Auf dem Traberhof Rathjen laden gemütliche Sitzecken und ein Steg am Seerosenteich zum Entspannen und zum Träumen ein. Rund um das Gestüt kann man Wandern, Angeln und Fahrradfahren. In der Nähe befindet sich zudem eine der schönsten Golfanlagen Deutschlands. Ein beliebtes Ausflugsziel ist die größte Erhebung des Naturparks, der Boxberg. Oben auf der Spitze bietet sich ein freier Blick über Wiesen, Wälder, Hügel und Moore.

**Traberhof Rathjen**
Henning Rathjen
Wiesenstraße 11
24613 Aukrug
Tel.: 04873-381
Fax: 04873-9181
E-Mail: *info@traberhof-rathjen.de*
*www.traberhof-rathjen.de*

*Abkühlung nach dem Reitunterricht*

Ponyhof Naeve am Wittensee – Landkreis Rendsburg-Eckernförde

# Langeweile gibt es hier nicht

Den Ponyhof Naeve gibt es schon seit über 30 Jahren. Kinder und Jugendliche im Alter von sechs bis achtzehn Jahren können hier Reiterferien ohne ihre Eltern erleben. Der Betrieb der Familie Naeve liegt direkt am Wittensee. „Für unsere Gäste ist es natürlich toll, dass sie mit ihren Ponys und Pferden in den See reiten können", sagt Birgitt Wischatta. Die gelernte Krankenschwester und Ausbilderin der Hauswirtschaft übernahm die Leitung des Ponyhofes 2002 von ihrer Mutter Elke. Der Ponyhof Naeve ist ein Familienbetrieb. Der Vater von Birgitt Wischatta, Klaus-Detlef, ist für den Reitunterricht und die Ausbildung zuständig. Die Brüder Jörg und Volkert Naeve sind erfolgreiche Springreiter und stehen ihrer Schwester gern mit Rat und Tat zur Seite.

Die Gäste wohnen in gemütlichen Zwei-, Vier- und Sechsbettzimmern mit eigenem Bad und WC. In den Speiseräumen lassen sich die Reiterinnen und Reiter die leckeren und selbst gekochten Mahlzeiten von Birgitt Wischatta schmecken. An den Tischen dürfen die jungen Gäste aber auch jederzeit spielen, malen und basteln. Ein Tag auf dem Ponyhof Naeve beginnt morgens üblicher Weise mit einem Frühstück. Dann holen alle gemeinsam die Ponys und Pferde von den Koppeln. Nun stehen Ponypflege und Reitunterricht auf dem Programm. Geboten werden Dressur- und Springunterricht, aber auch Ausritte ins Gelände. Nach dem Mittagessen gibt es eine weitere Reitstunde, Ausritte oder eine Planwagenfahrt. Nachmittags stärken sich die Kinder und Jugendlichen beim Kuchen- und Salatbuffet und anschließend bringen alle die Ponys und Pferde zurück auf die Weide. Nach dem Abendbrot ist der Tag noch nicht zu Ende. Nach Absprache finden Nachtwanderungen, Discoabende oder ein Lagerfeuer statt. Langeweile gibt es auf dem Ponyhof Naeve nicht.

Es besteht auch die Möglichkeit, nur einen Tag auf dem Ponyhof am Wittensee zu erleben. Den Tagesgästen wird ein tolles Reit- und Freizeitprogramm geboten, inklusive vier Mahlzeiten. Auch Schulklassen sind herzlich willkommen. Außerdem kann man dort auch Firmen-, Vereins- und Familienfeste feiern.

**Ponyhof Naeve**
Birgitt Wischatta
Dorfstraße 23
24361 Groß Wittensee
Tel.: 04356-862
Fax: 04356-1506
E-Mail: info@ponyhof-wittensee.de
www.ponyhof-wittensee.de

**REITERFERIEN IN SCHLESWIG-HOLSTEIN**

Ponyhof Wendell – Landkreis Rendsburg-Eckernförde

# Hier gibt es Immenhof-Feeling inklusive

„Trippel Trappel Pony" – das Ponylied aus den „Immenhof-Filmen" mit „Dick" und „Dalli", gespielt von Angelika Meissner und Heidi Brühl, kennt wohl fast jeder. Auf dem Ponyhof Wendell erleben die Reiterferiengäste Immenhof-Feeling pur. Hier in Beringstedt leben nämlich die direkten Nachkommen der Immenhof-Ponys von Gut Segalendorf in Ostholstein. „Mein Vater hat die Immenhof-Ponys gekauft, als die Herde aufgelöst wurde", erinnert sich Gesche Wendell-Fürsen. Alle Ponys, die heute auf dem Ponyhof Wendell leben, sind also waschechte Immenhof-Ponys. „Wir leben diese Tradition und singen die Lieder aus den Filmen und jedes Jahr dichten die Kinder neue Lieder hinzu", erzählt die Hauswirtschaftmeisterin. Der Spaß mit den kleinen Vierbeinern steht auf dem Ponyhof Wendell an erster Stelle. Seit mehr als 30 Jahren können Kinder und Jugendliche im Alter von sechs bis 16 Jahren wunderschöne Ferien in behüteter und familiärer Atmosphäre verbringen. Manche Ponykinder kommen fast jedes Jahr, bis sie 16 Jahre alt sind und einige dann als „große" Betreuer in den Ferien. Jedes Kind bekommt während des Aufenthalts ein eigenes Pony zum Reiten, Pflegen

*Immenhof-Feeling auf dem Ponyhof Wendell*

**Kalles Insider-Tipp**

Gut Rothensande, das als Immenhof bekannt wurde, soll sich unter seinem neuen Besitzer Franz-Josef Stolle, zu einem Touristenziel entwickeln und als „Leuchtturmprojekt" in das Angebot der Region um Malente eingebunden werden. Damit soll auch die filmische Vergangenheit des Gutes lebendig erhalten werden. Mehr Infos unter: www.gut-immenhof.de

und Kuscheln. Zwei bis drei Mal am Tag erhalten die jungen Feriengäste Unterricht oder genießen Ausritte in die herrliche Natur. Die kleinsten Ponyfreunde dürfen auf der Kutsche mitfahren, die mit sicherer Hand von Seniorchef Hans-Christian gelenkt wird. Die Reiterinnen und Reiter wohnen im Bauernhaus in gemütlichen Vier-Bett-Zimmern. Das große Grundstück bietet jede Menge Platz zum Spielen, Herumtoben und auf Bäume klettern. Neben den Ponys haben die Kinder die Möglichkeit, die zahlreichen anderen Tiere wie Hühner, Gänse, Schweine und Kaninchen zu versorgen und liebzuhaben. In den Abendstunden stehen gemeinsame Aktivitäten wie eine Nachtwanderung oder ein Grillabend auf dem Programm. Die Reithalle ist dann ein Spielparadies: vom spannenden Gemeinschaftsspiel bis zum Theaterabend wird alles geboten. Eine besondere Tradition ist die Quadrille-Aufführung für die Eltern am letzten Tag der Ferienwoche. „Das studieren die Kinder in ihren Gruppen vollkommen selbstständig ein", erzählt Wendell-Fürsen, die Landwirtschaft studiert hat und Berufsschullehrerin ist. „Ich bin immer wieder überrascht, wie gut das klappt." Die Eltern freuen sich über die Präsentation ihrer Sprösslinge und können im Hofcafé selbst gebackenen Kuchen und Kaffee genießen, bis sich die Kinder von „ihrem" Pony verabschiedet haben.

Ponyhof Wendell
Gesche Wendell-Fürsen
Eichenweg 3
25575 Beringstedt
Tel.: 04874-215
Fax: 04874-900926
E-Mail: *PonyhofWendell@gmx.de*
*www.ponxhof-wendell.de*

Insel-Reitstall Gestüt Rüder – Landkreis Ostholstein

# Strandausritte sind besonders beliebt

Die Insel Fehmarn ist weit über die Grenzen Schleswig-Holsteins als Reiter-Insel bekannt. Dazu hat bestimmt auch die Familie Rüder beigetragen. Der Insel-Reitstall Gestüt Rüder befindet sich in Blieschendorf, nur wenige Kilometer von der Fehmarnsundbrücke entfernt. Kai und Petra Rüder bieten hier Reitunterricht für Anfänger und Fortgeschrittene, Reitabzeichen-Lehrgänge und Ponyreiten. „Sehr beliebt sind natürlich unsere Strandausritte", sagt Petra Rüder. „Anfänger und Fortgeschrittene sind herzlich willkommen." Die Strandausritte dauern zwei oder drei Stunden, auch zum Sonnenuntergang mit einem Steigbügeltrunk unter der Fehmarnsundbrücke, der auch alkoholfrei angeboten wird.

Kai Rüder ist gelernter Landwirt und Pferdewirtschaftsmeister mit den Schwerpunkten Zucht und Haltung sowie Reiten. Der Familienvater ist seit seinem Juniorenalter erfolgreicher Vielseitigkeitsreiter und gewann zahlreiche Medaillen auf Turnieren in Schleswig-Holstein, Deutschland und Europa. Er war Ersatzreiter der Olympischen Spiele 1992 in Barcelona, nahm an den Olympischen Spielen in Sydney 2000 und an den Weltreiterspielen in Jerez de la Frontera 2002 teil. Auch im Springsport hat Kai Rüder viele Siege und Platzierungen bis zur schweren Klasse errungen.

Seine Ehefrau Petra Rüder ist ebenfalls eine erfolgreiche Springreiterin. Die Hotelbetriebswirtin startete bei den Deutschen Meisterschaften und war Landesmeisterin von Schleswig-Holstein. Petra unterstützt Kai bei der Leitung des Betriebs, kümmert sich um die Kinder Liesa Marie und Mathies und führt mit ihren Eltern das Hotel Intersol am Südstrand.

Das Gestüt Rüder ist ein Familienbetrieb. Senior Thomas Rüder war ebenfalls ein erfolgreicher Vielseitigkeitsreiter. 1981 errang er den Titel des Europameisters für ländliche Vielseitigkeitsreiter und 1982 nahm er erfolgreich an der Weltmeisterschaft für Vielseitigkeitsreiter in Luhmühlen teil. Der Senior-Chef sitzt noch täglich im Sattel und gibt seine Erfahrungen gern an die Reitschüler weiter. Seine Ehefrau Annegret unterstützt ihn und ist für die Strandkorbvermietung am Südstrand zuständig.

*Kai Rüder ist ein erfolgreicher Vielseitigkeitsreiter.*

**Gestüt Rüder**
Petra und Kai Rüder
Blieschendorf 5
23769 Fehmarn
Tel.: 04371-3206 • Fax: 04371-9368
E-Mail: *info@gestuet-rueder.de*
*www.gestuetrueder.de*

*Hof Eckhorst liegt inmitten der Hüttener Berge.*

Hof Eckhorst – Landkreis Rendsburg-Eckernförde

## Die ideale Verbindung: Reiten und Wellness

Der Hof Eckhorst liegt inmitten der malerischen Landschaft des Naturparks Hüttener Berge. Hier an der schmalsten Stelle zwischen Nord- und Ostsee haben Susanne Behn und ihr Lebensgefährte Hans Jürgen Nützel ein Wohlfühlparadies für Menschen und Pferde realisiert. Susanne Behn ist leidenschaftliche Züchterin von Hannoveraner Pferden, die sie selbst ausbildet und dann national und international verkauft. Zum Hof gehört auch eine Hengststation. „Unsere Pferde haben alle einen einwandfreien Charakter", sagt die Dressurreiterin, die bis zur schweren Klasse erfolgreich ist. „Meine Pferde lernen nicht nur Lektionen, sondern auch das Springen über Hindernisse oder einen Baumstamm im Gelände." In Kooperation mit ihrem Bruder Klaus-Peter Wiepert, einem erfolgreichen Holsteiner Züchter (Levisto, Diarado) bildet Susanne Behn aber auch Holsteiner Springpferde aus.

Pensionspferden stehen neben geräumigen Boxen 20 Hektar Weiden zur Verfügung. Eine helle und gut belüftete Reithalle bietet neben den Außenplätzen bei schlechtem Wetter gute Trainingsmöglichkeiten. Susanne Behn und ihr Team erteilen Gruppen- und Einzelunterricht in Dressur und Springen. Darüber hinaus werden auf Hof Eckhorst regelmäßig Lehrgänge angeboten.

Es besteht auch die Möglichkeit, den Urlaub – mit oder ohne eigenem Pferd – auf dem

Hof zu verbringen. Zehn Fünf-Sterne-Wohnungen, die individuell nach den Themen Ostsee, Sonnenschein, Toskana und Schlei eingerichtet sind, lassen keine Wünsche offen. Ein Geheimtipp ist der Wellnessbereich. Eine erfahrene Kosmetikerin verwöhnt die Gäste mit duftenden Ölen, heißen Steinen und leiser Entspannungsmusik. Dr. med. Edgar Hinkeltein, Facharzt für Orthopädie und Sportmedizin, besucht den Hof regelmäßig. Das Team vereinbart auf Wunsch gern einen passenden Termin.

Eine richtige Wohlfühloase ist die Scheunendiele. Dort treffen sich die Gäste vor dem Kaminofen oder lassen den Abend bei einem Glas Wein am langen Tisch ausklingen. Nichtreiter kommen auch auf ihre Kosten. Das Wander- und Radwegenetz beginnt direkt am Hof, ein Golfplatz befindet sich in Güby, etwa drei Kilometer vom Hof Eckhorst entfernt.

**Hof Eckhorst**
Susanne Behn
24357 Güby/Schlei
Tel.: 04354-986420
Fax: 04354-986419
E-Mail: *info@hofeckhorst.de*
*www.hof-eckhorst.de*

Augustenhof – Landkreis Rendsburg-Eckernförde

# Reiterferien auf einem richtigen Bauernhof

Seit mehr als 40 Jahren haben Kinder aus allen Teilen Deutschlands Reiterferien auf dem Augustenhof in Höbek verbracht. Wer hier Urlaub macht, kann neben dem Reiten und dem Umgang mit den Ponys und Pferden auch den Alltag auf einem Bauernhof erleben. „Das ist schon etwas Besonderes", sagt Betriebschef Stefan Prang. „Bei uns gibt es Kühe, Schweine, Kaninchen, Hühner und Ziegen." Alle Gäste dürfen sich ganz ungezwungen mit den Hoftieren beschäftigen: „Die Kinder können alle Tiere streicheln, füttern oder spazieren führen." Auf diese Weise lernen die jungen Feriengäste die Abläufe des landwirtschaftlichen Betriebes auf spielerische Weise kennen.

Jedes Kind erhält ein eigenes Pflegepony, und es finden am Tag zwei Reitstunden statt. Die Frau des Chefs Swantje Prang ist geprüfte FN-Reiterlehrerin und für die Ausbildung der jungen Reiterinnen und Reiter zuständig. Auf dem Programm stehen aber auch Planwagen- und Kutschfahrten, Bastel- und Spielabende, Lagerfeuer und Diskoabende. Die Feriengäste wohnen in gemütlichen und rustikal eingerichteten Mehrbettzimmern.

Auf dem Augustenhof ist zudem das erlebnispädagogische Projekt „Lernen durch Erleben" beheimatet, das sich vor allem an Schulklassen richtet. Die Schülerinnen und Schüler lernen zunächst den Hof im Gespräch kennen und in Anlehnung an den

Lehrplan gibt es dann verschiedene Aktionen zu bestimmten Themen wie „Kuh & Milch", „Schaf & Wolle" oder „ Getreide & Brot". Die Augustenhofer Küche bietet kindgerechte ausgewogene Kost, auf Wunsch auch vegetarisch. Moslemische Kinder und Kinder mit Lebensmittelallergien erhalten separat zubereitete Speisen.

**Augustenhof**
Stefan Prang
24790 Höbek – Hassmoor
Tel.: 04331-91546
Mobil: 0172-4408074
E-Mail: *stefan.prang@reiterferein-bauernhof.de*
*www.reiterferien-bauernhof.de*

*Die Kuh gibt Milch*

Seaside Ponyland Norddeich – Landkreis Dithmarschen

# Mit Liebe, Zeit und Sachverstand

Reiterferien auf dem Ponyhof Norddeich sind etwas ganz Besonderes. „Bei uns steht die Qualität an oberster Stelle", sagt Gudrun Wieczorek, die den Betrieb in Norddeich 1986 mit ihrem Ehemann Hans-Jürgen übernahm. Kinder im Alter von acht bis achtzehn Jahren können hier nur wenige Kilometer von der Nordsee entfernt unbeschwerte Reiterferien erleben. Die jungen Feriengäste wohnen gemeinsam mit der Familie Wieczorek in einem Haus. Nach Süden ausgerichtet liegen die sonnigen Sechs-Bett-Zimmer der Kinder mit praktischen Linoleumböden. Die Räume werden zentral mit der hauseigenen Biogasanlage geheizt, d.h. es ist immer kuschelig warm.

Jeder Gast bekommt ein eigenes Pony, entweder einen Shetty, einen Welsh Cob oder einen Haflinger. „Unsere Pferde sind alle von uns gezüchtet", erzählt Wieczorek. „Wir bilden unsere Pferde selbst aus, mit Liebe, Zeit und Sachverstand." Tochter Pia ist dabei vor allem für das Anreiten der Jungpferde zuständig, gibt aber auch Unterricht und stellt die Ponys auf Turnieren vor. Die Familie züchtet sehr erfolgreich Welsh Ponys. Für diese Rasse hatte Wieczorek bereits ihr Leben lang geschwärmt: „Das sind einfach tolle Ponys", sagt die Agraringenieurin. „Sie haben ein harmonisches Gebäude, einen edlen kleinen Kopf, tolle Bewegungen, sind aber auch menschenbezogen und gutmütig."

Die Ponys auf dem Hof sind in einem Laufstall untergebracht und lassen sich ihr Bioheu und -hafer schmecken, das über einen von Hans-Jürgen Wieczorek konstruierten und patentierten Futterautomaten an die Vierbeiner verteilt wird. Deshalb sind die Ponys auch fit und haben Spaß daran, ihre kleinen Reiter zu tragen. Für Familie Wieczorek ist es selbstverständlich, dass jedes Pony einen eigenen gut sitzenden Markensattel und Zaumzeug hat.

Das Ponyland befindet sich am Rande der Gemeinde Norddeich, an der Westküste in Dithmarschen, ungefähr fünf Kilometer von der Küste entfernt. Ein besonderes Highlight ist für die Ferienkinder natürlich ein Strandritt in St. Peter-Ording. Die Ponys werden verladen und dann geht es direkt an die Nordsee. „Wir wollen es unseren Gästen so schön wie möglich machen," erzählt Gudrun Wieczorek. Deshalb finden die Ausritte möglichst immer bei Ebbe statt, sodass die Kinder mit ihren Ponys die fast endlos erscheinende Weite des Wattenmeeres richtig genießen können.

Das Ponyland ist ein anerkannter Bioland-Betrieb. Es gibt nur leckeres frisches Essen, das überwiegend von Familie Wieczorek selbst produziert wird, z.B. stammt das Rindfleisch von Biokühen, die auf dem Hof leben.

**Seaside Ponyland Norddeich**
Familie Hans-Jürgen Wieczorek
Deichstraße 2
25764 Norddeich
mobil: 0173-3701556
Tel.: 04833-424444
Fax: 04833-424440
E-Mail: *info@ponyland-norddeich.de*
*www.ponyland-norddeich.de*
*www.ponyland-welsh-pony.de*

*Der Strandritt in St. Peter-Ording ist ein besonderes Highlight.*

Holsteiner Kutschfahrten – Landkreis Ostholstein

# Mit der Kutsche durch malerische Rapsfelder

Eine Kutschfahrt mit Freunden, Kollegen oder der Familie ist ein besonderes Erlebnis. Marie-Luise Tamm und ihr Ehemann Ernst bieten Holsteiner Kutschfahrten durch die malerische Holsteinische Schweiz an. Es ist möglich, verschiedene Touren zu buchen, z.B. die Tour Rapsblüte, die über Hügel und Felder im Umkreis von Eutin führt, vorbei an satt gelben und intensiv duftenden Rapsfeldern. Aber auch eine Winterfahrt im beheizten Planwagen oder gar im Schlitten haben ihren Reiz. Wer möchte, kann eine Kutsche für die Hochzeit oder ein Firmenjubiläum buchen. Dann reisen Marie-Luise und Ernst

*Herrlich: Ein Kutschfahrt im Mai*

Tamm mit einem Transporter an. Bei den Touren kommen Spaß und Unterhaltung nicht zu kurz. Bei jedem Ausflug sorgen u.a. Spiele dafür, dass es keinem langweilig wird. Beim „Holsteiner-Sechskampf" treten die Fahrgäste z.B. zum „Gummistiefelweitwurf" an oder messen ihr Können beim Kirschkernweitspucken.

Marie-Luise Tamm begann mit dem Kutschefahren bereits in jungen Jahren. „Ich habe das alles hier in Schleswig-Holstein gelernt", erzählt die Landwirtin. Zunächst habe sie vor allem Ponykutschen gefahren, später aber auch Pferdekutschen. Dann war sie beruflich zu sehr eingespannt, um sich intensiv dem Fahrsport zu widmen. Erst als sie ihren Ehemann Ernst kennen lernte, entflammte die Leidenschaft für das Fahren auf das Neue. Das Ehepaar entschloss sich, das Kutschenunternehmen von Eduard Moser aus Eutin zu übernehmen, ein Transportunternehmen. Mit den Kutschen wurden vor dem Zweiten Weltkrieg noch Kohle und Stückgut transportiert, aber auch Umzüge unternommen. „Ein Umzug von Eutin nach Hamburg dauerte damals drei Tage", erzählt Marie-Luise Tamm.

Heute geht es beschaulicher zu. Holsteiner, Schleswiger und Thüringer Kaltblüter ziehen die 14 verschiedenen Kutschen – vom Planwagen bis zur Hochzeitskutsche – durch die Landschaften. Marie-Luise Tamm hat viel Freude an der Arbeit mit den starken Vierbeinern: „Es ist immer ein schönes Zusammenspiel zwischen mir und den Pferden."

**Holsteiner Kutschfahrten**
Marie-Luise und Ernst Tamm
Braacker Str. 18
23701 Eutin
Tel.: 04521-2692
Fax: 04521-2692
E-Mail: *kontakt@holsteiner-kutschfahrten.de*
*www.holsteiner-kutschfahrten.de*

**Pensionsbetrieb und Aktivstall (von der Laufstall-Arbeitsgemeinschaft (LAG) mit fünf Sternen ausgezeichnet):**
Eichenhof Eutin
Marie-Luise Tamm
Adresse s.o.
Tel.: 0160-96319998
Fax: 04521-73187

Gestüt Hof am See – Landkreis Ostholstein

# Reiterferien in der Nähe des Timmendorfer Strandes

Das Gestüt Hof am See befindet sich inmitten des Naturschutzgebietes Hemmelsdorfer See. Der idyllisch gelegene Reiterhof thront auf einem der höchsten Punkte der umgebenden ostholsteinischen Hügellandschaft. Die Koppeln grenzen bis an den Rand des dicken Schilfgürtels am See. Dieser stellt übrigens den tiefsten Punkt Deutschlands dar und darf nur von Ruder- oder Tretbooten befahren werden.

Nicht weit entfernt ist der Timmendorfer Strand. Dort sind vom 1. April bis 1. Oktober Strandritte möglich. „Wir haben unseren Gästen wirklich viel zu bieten", sagt Inge von Barby, die zusammen mit ihrer Tochter Caroline den Ferienhof für Pferdefreunde betreibt. Die Gäste haben jeden Tag die Wahl zwischen See und Natur, Reiten und Tieren, Strand und Meer oder Shopping und Nightlife. Kein Wunder, dass Familie von Barby sehr viele Stammgäste hat. Schwerpunkt ist der Reitunterricht für Kinder: „Dafür ist meine Tochter zuständig", erzählt von Barby. „Sie hat sehr viel Erfahrung und die Kinder und Jugendlichen haben jede Menge Spaß."

Die fünf Ferienhäuser und drei Blockhäuser sind im gediegenen Landhausstil eingerichtet. Alte Dielen und gemütliche, stilvolle Möbel verbreiten eine perfekte Urlaubsatmosphäre. Von den Fenstern aus haben die Gäste einen schönen Blick auf den See, oder sie können das Treiben auf dem Hof beobachten. Zur Zeit leben 80 Pferde und Ponys, darunter auch Pensionspferde, auf dem Gestüt am See. Wer möchte, kann auch das eigene Pferd mitbringen.

**Gestüt Hof am See**
**Ferienhäuser und Ferienwohnungen**
Inge von Barby
Nothweg 4
23669 Timmendorfer Strand
Tel.: 04503-31429
E-Mail: *caro.barby@t-online.de*
*www.gestuet-hofamsee.de*

*Die Pferdeweiden grenzen direkt an den Hemmelsdorfer See.*

Die Ponyfarm – Landkreis Dithmarschen

# Besser geht es nicht: drei Mal am Tag reiten

*Ausritte gehören zum Angebot der Ponyfarm.*

Auf der Ponyfarm in Schafstedt können junge Reiterinnen und Reiter ohne die Eltern ihre Ferien genießen. 50 liebe Ponys und Pferde stehen den jungen Gästen zur Verfügung: „Bei uns dürfen die Kinder dreimal am Tag reiten", sagt Uschi Danes, „und jeder Feriengast bekommt ein eigenes Pflegepony oder Pflegepferd." Auf der Ponyfarm leben alle Vierbeiner artgerecht auf großen Weiden, deshalb erfreuen sich die Tiere auch bester Gesundheit. „Viele unserer Ponies sind schon weit über 20 Jahre alt und bringen noch immer fit und munter Groß und Klein das Reiten bei", erzählt die Betriebsinhaberin. Die jungen Gäste wohnen in freundlichen und hellen Zimmern, jeweils in Gruppen von vier bis eventuell acht Mädchen oder Jungen. Das Wochenprogramm: Reitunterricht, Ausritte, Kutsche fahren, aber auch Grillen

REITERFERIEN IN SCHLESWIG-HOLSTEIN

oder Discoabende. Es besteht zudem die Möglichkeit, am Ende des Aufenthalts ein FN-Motivationsabzeichen zu absolvieren. An den Nachmittagen dürfen sich die Kinder oft etwas wünschen: „Das ist besonders beliebt", sagt Uschi Danes. „Viele wollen dann ausreiten, weil sie zu Hause meist nicht die Möglichkeit dazu haben." Ausgebildete Reitlehrerinnen begleiten die Kinder in das weitläufige und abwechslungsreiche Gelände. Darüber hinaus bieten Danes und ihr Team aber auch Lehrgänge an, um sich auf die Prüfung zum Reit- und Basispass vorzubereiten. Die Ponyfarm ist auch ein beliebtes Ziel für Klassenfahrten.

> **Die Ponyfarm**
> Uschi Danes
> Hohenhörnerstraße 6
> 25725 Schafstedt
> Tel.: 04805 -1254
> Fax: 04805 – 1263
> E-Mail: info@die-ponyfarm.de
> www.die-ponyfarm.de

*Das Gefühl von Freiheit erleben*

Wattreiterhof Pellworm – Landkreis Nordfriesland

# Das Besondere genießen: Reiten im Watt am Leuchtturm

Britta und Ronald Herbst haben ihren Gästen etwas ganz Besonderes zu bieten: Wattritte im Watt vor der Nordseeinsel Pellworm. „Wir haben eine Sondergenehmigung und dürfen im Watt am Leuchtturm das ganze Jahr über Reiten", sagt Britta Herbst, die auch ausgebildete Wanderrittführerin ist. Für die Feriengäste, die zum Beispiel aus Nordrhein-Westfalen oder Hessen kommen, ist das ein unvergessliches Erlebnis. Das Watt vor Pellworm gehört zum Nationalpark Schleswig-Holsteinisches Wattenmeer und ist sogar Weltnaturerbe. Deshalb ist es ein Privileg, dort reiten zu dürfen. „Wir passen sehr auf, keine Vögel und Badegäste zu stören", erzählt Britta Herbst, „und natürlich sammeln wir alle Pferdeäpfel wieder auf."

Bei Ebbe ist es sogar möglich, bis zur Hallig Süderoog zu reiten. Den Feriengästen stehen acht bis zehn gutmütige Pferde und Ponys zur Verfügung. Wer möchte, kann auf den Vierbeinern auch am Reitunterricht teilnehmen. Auf dem Wattreiterhof Pellworm gibt es eine komfortable Ferienwohnung für vier bis sechs Personen. Es besteht aber auch die Möglichkeit, ein Fünf-Sterne-Ferienhaus zu mieten, das vom Wattreiterhof ungefähr zwei Kilometer entfernt ist.

Ein weiteres Angebot sind Inselkutschfahrten oder Kutschfahrten anlässlich von Hochzeiten. Die Kutsche ist dann mit Blumen der Saison geschmückt. Während der Fahrt können verschiedene Stopps eingeplant werden, z.B. an der historischen Nordermühle oder am Hafen. Auf Wunsch hält Hochzeitsfotograf Detlev Brumm das Ereignis in schönen Fotos fest.

**Kutsch- und Reitbetrieb**
Wattreiterhof
Britta und Ronald Herbst
Junkersmitteldeich 19
25849 Pellworm
Tel.: 04844-990557
mobil: 0172-4090130
E-Mail: *herbst@wattreiten-wanderreiten.de*
*www.wattreiten-wanderreiten.de*

*Kutschfahrten auf Pellworm sind sehr beliebt.*

REITERFERIEN IN SCHLESWIG-HOLSTEIN

*Pferd und Reiterin genießen die Abkühlung.*

Strandreitschule Kraksdorf – Landkreis Ostholstein

# Endlich einmal am Strand reiten

„Die meisten Urlauber möchten gern einmal an den Strand reiten", sagt Monika Christen. In ihrer Strandreitschule in Kraksdorf ist dies möglich, allerdings nur, wenn man reiten kann. „Jeder, der bei uns ausreiten will, muss zumindest die Grundgangarten beherrschen." Die Sicherheit der Feriengäste stehe nämlich an oberster Stelle. Wer noch unsicher sei, erhalte vorher eine Longenstunde oder Reitunterricht. Für die Urlauber stehen rund 40 gut ausgebildete Ponys und Reitpferde verschiedener Größen und Rassen bereit – vom Shetland-Pony bis zum gutmütigen Kaltblüter.

Die Ostseegemeinde Neukirchen, Ortsteil Kraksdorf, liegt im nördlichsten Schleswig-Holstein, ca. 12 Kilometer von der Stadt Oldenburg in Holstein entfernt. Der ca. 5 km lange weiße und steinfreie Sandstrand geht flach in die Ostsee und ist daher zum Ausreiten sehr gut geeignet. Es ist möglich, das ganze Jahr über an den Strand zu reiten. „Natürlich nehmen wir Rücksicht auf die Badegäste", sagt Monika Christen, "aber ansonsten gibt es keine Probleme."

Die Strandreitschule Kraksdorf hat auch eine Außenstelle am Weißenhäuser Strand, direkt im Ferienzentrum, die „Ponyranch". Dort können Urlauber ebenfalls mit Ponys und Pferden ausreiten, Ponys führen, Longenstunden nehmen oder qualifizierten Unterricht erhalten. Ein weiteres Angebot sind Kutsch- und Planwagenfahrten durch die malerische Landschaft, z.B. anlässlich einer Hochzeit oder einer Betriebsfeier. Das Team der Strandreitschule Kraksdorf sorgt auf Wunsch auch für eine leckere Verpflegung der Gäste, z.B. Kaffee und Kuchen oder eine herzhafte Gulaschsuppe. Wer länger bleiben möchte, kann eine gemütliche Ferienwohnung in der näheren Umgebung oder im Ferienzentrum Weißenhäuser Strand buchen. Monika Christen vermittelt gern einen entsprechenden Kontakt.

**Strandreitschule Kraksdorf**
Monika Christen
Strandstraße 26
23779 Neukirchen
04365-8401
Fax: 04365-979196
Mobil: 0171-3435866
E-Mail: *strandreitschule@yahoo.de*
*www.strandreitschule-kraksdorf.de*

Wollesen`s Reiterhof – Landkreis Nordfriesland

# Jan H. Wollesen: „Wir fahren jeden Tag nach Rømø",

Wollesen`s Reiterhof befindet sich in Süderlügum nur vier Kilometer von der deutsch dänischen Grenze entfernt. Für Feriengäste stehen mehrere Ferienwohnungen, Doppelzimmer und ein Sechs-Bett-Zimmer zur Verfügung. Kinder und Jugendliche können auch ohne Begleitung ihrer Eltern auf dem Hof Ferien machen. Geschulte FN-Bereiter und FN-Reitlehrer sind für den Reitunterricht zuständig, übernehmen aber auch das Korrekturreiten von Pferden oder stellen Pferde auf Turnieren oder Leistungsprüfungen vor. Nichtreiter finden Spaß beim Angeln, entweder beim Hochseeangeln auf der Nordsee oder an dänischen Teichen, für die kein Angelschein erforderlich ist. Im gemütlichen Kaminzimmer können die Feriengäste den Abend ausklingen lassen, für Kinder und Jugendliche finden Diskoabende statt.

Betriebsinhaber Jan H. Wollesen hat seinen Gästen und Reitern aber noch etwas Besonderes zu bieten: „Wir fahren jeden Tag nach Rømø", sagt der Nordfriese. Dafür stehen mehrere Pferdehänger zur Verfügung: „Fast alle Reiter wollen einmal am Strand reiten." Deshalb eröffnete er die Wollesen`s Ranch, eine Filiale seines Betriebes auf der dänischen Insel, die über einen Damm mit dem Festland verbunden ist. 25 Hektar hat Jan H. Wollesen in der Nähe des Hotels Kommandørgården gemietet. Von dort geht es mit den Ponys und Pferden an den breiten und feinsandigen Strand und das Meer.

Jan H. Wollesen liegt aber auch der Springsport am Herzen. Immer ist er auf der Suche nach Erfolg versprechenden Springpferden, die auf seinem Hof ausgebildet und dann auf Turnieren vorgestellt werden. Zudem vermittelt er interessierten Käufern gut ausgebildete Pferde und Ponys – für den Turniersport, aber auch für das Freizeitreiten.

**Wollesen`s Reiterhof**
Jan H. Wollesen
Osterstr. 3 – Am Reitstall
25923 Süderlügum
Tel.: 04663-303
Fax: 04663-876
mobil: 0171-6582888
E-Mail: reiterhof-wollesen@t-online.de
www.reiterhof-wollesen.de

*Auch die Kleinsten haben Ihren Spaß.*

*Wasser, Wind und tolle Ponys*

Reiterhof Mariental – Landkreis Schleswig-Flensburg

# Marty Clausen: „Die Kinder entscheiden, was sie machen wollen"

Mitten in Angeln, eingebettet zwischen Ostsee und Schlei, liegt der Reiterhof Mariental. Hier betreibt Marty Clausen mit viel Liebe zum Detail ein Ferienparadies für Kinder und jugendliche Reiter. „Wir achten sehr auf die Qualität", sagt die Agraringenieurin begeistert, „wir haben tolle Ponys und unsere Anlage ist sehr gepflegt und schön."

Die jungen Gäste wohnen in hellen und komfortablen Mehrbettzimmern und erhalten für die Dauer ihres Aufenthaltes ein eigenes Pony oder Pferd. Die Ferienkinder dürfen täglich bis zu vier Stunden reiten. Die rund 70 Ponys und Pferde sind gutmütig und sehr gut ausgebildet. Marty Clausen ist lizenzierte Trainerin und besitzt das Silberne Reitabzeichen. Jedes Kind bekommt einen vierbeinigen Partner, der von der Größe und dem Ausbildungsstand optimal geeignet ist. Dadurch können die Kinder viel lernen.

Den jungen Reitern wird den ganzen Tag über ein interessantes Programm geboten: Dressur- und Springunterricht, Ausritte, Ponyspiele, Mounted Games, Kutschfahrten und abends Spiele oder ein Lagerfeuer. „Die Kinder entscheiden selbst, was sie alles machen möchten", sagt Marty Clausen, „Langeweile gibt es bei uns nicht."

Die meisten Kinder und Jugendlichen besuchen den Reiterhof Mariental in den Ferien, aber es gibt auch günstige Angebote für Kurzferien oder Aufenthalte über ein verlängertes Wochenende. Sehr beliebt sind

*Die Kinder und Jugendlichen genießen eine unbeschwerte Zeit.*

die Kids & Youth Seminare mit der „Pferdeflüsterin" Andrea Kutsch, die mehrmals im Jahr stattfinden. Die bekannte Schülerin von Monty Roberts vermittelt den jungen Teilnehmern z.B., was ein „Join up" ist und wie man alltägliche Probleme mit Ponys und Pferden ganz ohne Gewalt und Druck selbst lösen kann.

**Reiterhof Mariental**
Marty Clausen
Morgensternerstraße 4
24407 Rabenkirchen
Tel: 04642-2937
Fax: 04642-922404
E-Mail: info@reiterhof-mariental.de
www.reiterhof-mariental.de

Reiterhof Hennings an der Nordsee – Landkreis Dithmarschen

# Reiterferien in familiärer Atmosphäre

Der Reiterhof der Familie Hennings befindet sich in Westerdeichstrich, direkt am Deich und nur 200 Meter vom Nordseestrand entfernt. Das Ehepaar Kathrin und Willi sowie die drei Kinder Astrid, Franziska und Merle arbeiten Hand in Hand, um den Feriengästen im Alter von sechs bis sechzehn Jahren ein unvergessliches Ferienerlebnis zu vermitteln. Über fünfzig menschenbezogene Ponys und Pferde warten auf die jungen Reiterinnen und Reiter. Hier gibt es Shetties, Haflinger, New Forest Ponys, Isländer, Norweger, Welsh-Ponys, Hannoveraner und Holsteiner. Jeder Gast bekommt während des Aufenthalts ein eigenes Pflegepony oder -pferd. Das Tagesangebot: Unterricht, Reiter- und Ponyspiele, aber auch Voltigieren und Badeausflüge zum Strand. Alle Vierbeiner stehen auf großen Weiden und sind dadurch ausgeglichen und ruhig. Die Gäste können nach Wunsch auch Prüfungen zum Reitabzeichen, Basis- und Reitpass sowie alle Hufeisenprüfungen ablegen. Neuerdings wird auch das FN- Sportabzeichen Reiten auf dem Hof angeboten.

Als erster Betrieb in Schleswig-Holstein kann der Hof das Gütesiegel der Deutschen Reiterlichen Vereinigung (FN) „Sport pro Gesundheit" vorweisen. Kathrin Hennings unterrichtet „Reiten als Gesundheitssport". „Viele meiner

Schüler sind steif oder haben Rückenprobleme", berichtet die Trainer-B-Ausbilderin. Mit speziellen Übungen am Boden, aber später auch auf dem Pferderücken können Blockaden und Verspannungen gelöst werden. „Vor allem Senioren, die noch nie geritten sind, aber etwas für ihre Gesundheit unternehmen wollen, freuen sich über mein Angebot", sagt Kathrin Hennings. Die geprüfte Übungsleiterin für das Reiten als Prävention bietet verschiedene Kurse und Wochenendlehrgänge, zum Teil auch in Zusammenarbeit mit der Volkshochschule (VHS), an.

Außerhalb der Schulferien werden auch Behindertengruppen aufgenommen, die gerade die Nordseenähe zu schätzen wissen. Darüber hinaus können auch Schulklassen ihre Klassenreisen auf dem Reiterhof Hennings verbringen. Damit auch die Jungen auf ihre Kosten kommen, gibt es einen großen Spielplatz und einen Fußballplatz. Die meisten Schüler würden aber auch vorrangig am Reitunterricht teilnehmen, weiß Kathrin Hennings: „Die Jungs reiten genau so gern wie die Mädchen."

*Die jungen Reiter haben viel Spaß beim Freizeitprogramm.*

**Reiterhof Hennings**
Kathrin Hennings
Stinteck 57
25761 Westerdeichstrich
Tel.: 04834-93125
Fax: 04834-93126
E-Mail: *info@reiterhof-hennings.de*
*www.freizeitreiten-nordsee.de*
eher *www.reiterhof-hennings.de*

REITERFERIEN IN SCHLESWIG-HOLSTEIN

## Holsteiner Verband

Der Holsteiner Verband hat seinen Sitz in Elmshorn. Holsteiner Pferde sind weltweit erfolgreich – im Spring- und Fahrsport, in der Vielseitigkeit, aber auch immer mehr in der Dressur. Ein Holsteiner ist ein athletisches, großliniges und ausdrucksvolles Reitpferd. Ein Holsteiner sollte aber auch – so das Zuchtziel des Holsteiner Verbandes – unkompliziert, einsatzfreudig, nervenstark und zuverlässig sein. Bis Ende der fünfziger Jahre waren Holsteiner Pferde vor allem als „Arbeitskraft" auf dem Feld im Einsatz. Aber dann wurden edlere Sportpferde gesucht. Deshalb setzte die Zuchtleitung damals immer mehr auf den Einsatz von Vollblütern. Besonders der 1961 in England geborene Vollblüter Ladykiller xx sorgte dafür, dass Holsteiner Pferde veredelt wurden. Der Ausnahmehengst lieferte 35 Staatsprämienstuten und genau so viele gekörte Hengste, darunter auch Landgraf 1, dem bereits zu Lebzeiten vor den Elmshorner Stallungen ein Denkmal gesetzt wurde. Lord, der zweite herausragende Ladykiller-Sohn, begründete ebenfalls eine eigene Hengstlinie. Cor de la Bryère – von Züchtern und Reitern liebevoll „Corde" genannt – musste 1999 im hohen Alter von 31 Jahren eingeschläfert werden. Er hat in den vergangenen Jahren die moderne Sportpferdezucht in Schleswig-Holstein am stärksten geprägt. Mehr Infos auch zu aktuellen Terminen: www.holsteiner-verband.de

## Trakehner Verband

Der Trakehner Verband ist in Neumünster beheimatet. Trakehner haben eine wechselvolle Geschichte zu verzeichnen. Die Pferderasse stammt ursprünglich von den Schweiken ab, einer kleinen unscheinbaren Landrasse. Ausgangspunkt für die heutige Zucht war das Landgestüt Trakehnen in Ostpreußen, welches 1732 von Friedrich Wilhelm I. als Königliches Stutamt gegründet wurde. Später erhielt es die Aufgabe, Pferde für die Landgestüte zu liefern. Dafür wurden vor allem orientalische und englische Vollblüter eingesetzt. Ziel des Gestütes war es, für das preußische Heer ausdauernde und leistungsfähige Remonten bereitzustellen. Bis zum Kriegsende war Ostpreußen das größte geschlossene Zuchtgebiet der Welt. Nach Kriegsende erreichten weniger als 1000 Zuchtpferde das Gebiet der damaligen Bundesrepublik Deutschland. Auf dem Treck von Ostpreußen nach Westdeutschland mussten die Pferde die härteste Leistungsprüfung ablegen. Immer schon hat der Trakehner auf Grund seiner frühen Ausrichtung für Ausdauer- (Militär) und später Sportzwecke, den Landespferdezuchten wichtige Impulse geben können. Als echte Alternative und sinnvolle Ergänzung zum Vollblut halfen

*Junge Pferde sollen artgerecht aufwachsen.*

Trakehner Hengste nach dem Krieg, Reitpferdepoints in den Landespferdezuchten zu verankern. Auch andere Zuchten wie das Rheinland, die Zweibrücker oder die Hessen basieren auf den Trakehnern. Mehr Infos: www.trakehner-verband.de

# Pferdestammbuch Schleswig-Holstein und Hamburg

In Schleswig-Holstein werden nicht nur Warmblüter, sondern u.a. auch Isländer, Shetland-Ponys, Andalusier und Lewitzer gezüchtet. Für diese verschiedenen Rassen ist das Pferdestammbuch Schleswig-Holstein mit Sitz in Kiel zuständig. Der Verband hat laut Satzung die Aufgabe, die Zucht von Ponys, Kleinpferden, Schleswiger Kaltblutpferden und Spezialzuchten sowie die allgemeine Landespferdezucht innerhalb des Verbandsgebietes zu fördern. Zuchtziel sind langlebige, anspruchlose, charakterlich einwandfreie und gängige Ponys und Pferde in einem der jeweiligen Rasse entsprechenden Typ. Der Verband ist

*In Schleswig-Holstein werden Warmblüter verschiedener Rassen gezüchtet.*

vor allem auch für die Körung der Hengste und die Eintragungen der Stuten in das jeweilige Stutbuch und die Bewertung von Fohlen zuständig. Das Pferdestammbuch wurde 1947 zunächst als Landesverband der Pony- und Kleinpferdezüchter gegründet. Es wurden vor allem Shetlandponys und Ponys gezüchtet. Wichtig war auch die Zucht von Wirtschaftspferden für Kleinbetriebe.

Ende der 60er Jahre begann der rasante Aufbau der Zucht der Reitponyrassen meist britischen Ursprungs und anderer Kleinpferde und Ponyrassen wie Isländer und Haflinger. Im Jahr 1977 schloss sich der Verband Schleswiger Pferdezuchtvereine dem Verband an.

Unter dem Dach Pferdestammbuch sind heute über 25 Rassegruppen vereinigt, bei rund 2 400 Züchtern sind ca. 3 800 Zuchtpferde registriert. Schwerpunkte der Zucht des Pferdestammbuchs sind Kinder- und Jugendponys zum Reiten und Fahren, vielseitig verwendbare Freizeit-, Zug- und Arbeitspferde sowie Spezialreitpferde für alle Disziplinen des Reit- und Fahrsports. Mehr Infos: www.pferdestammbuch-sh.de

*Lewitzer sind bei Kindern und Jugendlichen sehr beliebt.*

Gestüt Pohlsee – Landkreis Rendsburg-Eckernförde

# Pferdezucht mit langer Tradition

Auf dem Gestüt Pohlsee in Langwedel hat die Pferdezucht eine lange Tradition. Hier inmitten des Naturparks Westensee züchtet die Familie Böning bereits in der dritten Generation erfolgreiche Sport- und Zuchtpferde: „Wir haben schon immer Pferde gehabt", erzählt Seniorchef Günter Böning, der die Leitung des Zuchtbetriebes vor einiger Zeit auf seinen Sohn Jan übertragen hat. Auf Gestüt Pohlsee werden Holsteiner Springpferde gezüchtet, die weltweit auf Turnieren erfolgreich sind. Die Zuchtstuten stammen aus bewährten Holsteiner Leistungsstämmen, wie z.B. Stamm 1298, Stamm 4847, Stamm 890 und Stamm 2543. Im Laufe der Jahre entwickelte sich der landwirtschaftliche Zuchtbetrieb zu einem modernen Gestüt mit einem vielfältigen Angebot – von der Besamung der Stuten bis hin zur Aufzucht und Ausbildung der Jungpferde. „Wir haben uns ständig weiterentwickelt", sagt Günter Böning, „deshalb sind wir bis heute konkurrenzfähig geblieben."

Das Gestüt Pohlsee war die erste private EU-Besamungsstation in Schleswig-Holstein. Das betriebseigene Labor bietet u.a. die Herstellung und Einlagerung von Tiefkühlsperma, die Besamung mit Tiefkühlsperma und

*Den Holsteiner Pferden verbunden: Familie Böning*

sogar den Transfer von Embryonen. Die eigenen Zucht- und Gaststuten sind in großen Lauf- oder Einzelboxen untergebracht und werden rund um die Uhr mit einer Videokamera überwacht. Die Mutterstuten mit Fohlen bei Fuß können sich in der Herde auf großzügigen Weiden artgerecht bewegen. Die Aufzucht der Jungpferde (ein bis drei Jahre) findet ebenfalls in artgerechter Gruppenhaltung mit Winterauslauf statt.

Ein weiteres Angebot von Gestüt Pohlsee ist die Grundausbildung der Jungpferde. Dazu gehört u.a. die Vorbereitung zweijähriger Hengste auf die Körungsselektion, das Anreiten, die Vorbereitung und Vorstellung der dreijährigen Stuten für den Stutentest sowie das Anreiten, die Ausbildung und Vorstellung von Reitpferden in Basisprüfungen. Schließlich ist es auch möglich, das umfangreiche Wellnessprogramm für die Vierbeiner in Anspruch zu nehmen. Auf Gestüt Pohlsee gibt es u.a. einen Aquatrainer, ein Solarium und Magnetfelddecken, die zum Beispiel der Rehabilitation nach Verletzungen dienen.

**Gestüt Pohlsee**
Familie Böning
24631 Langwedel
Tel.: 04329-487
Fax: 04329-644
E-Mail: *info@gestuet-pohlsee.de*
Web: *www.gestuet-pohlsee.de*

**PFERDEZUCHT IN SCHLESWIG-HOLSTEIN**

Gut Osterrade – Landkreis Rendsburg Eckernförde

# Eine exklusive Zuchtstätte inmitten malerischer Natur

Wer einen Top-Vererber für seine Stute sucht, ist auf Gut Osterrade an der richtigen Adresse. Hier stehen Deckhengste, die ihre Qualitäten vielfältig unter Beweis gestellt haben. Die Hengste sind selbst im Sport erfolgreich und auch die Nachkommen zeigen entsprechende Leistungen. Unter anderen sind hier die Holsteiner Hengste „C-Indoctro", „Coolidge", „Chin Chin" oder „Cardento" im Deckeinsatz. Auch ausgewählte Hengste exzellenter und seltener Blutlinien wie der junge Quick Star Sohn „Quick Orion d`Elle" sind hier zu finden. Stationsleiter Jan-Pierre Fromberger legt sehr viel Wert auf die persönliche Betreuung der Züchter. Die Hengst- und Besamungsstation Gut Osterrade ist als Deckstation nach den neuesten EU-Richtlinien anerkannt. Stutenpension und Aufzucht von Jungpferden, Hengstaufzucht und Vorbereitung zur Körung sowie Beritt, Ausbildung und Turniervorstellung von Pferden bis zur schweren Klasse gehören ebenfalls zum Angebot von Gut Osterrade. Interessierte Käufer sind herzlich eingeladen, sich über das Angebot an Sportpferden, Fohlen und Jährlingen, aber auch Junghengsten und -stuten zu informieren. Die Pferde stammen vom Gut oder werden im Kundenauftrag vermittelt.

Gut Osterrade liegt südlich des Nord-Ostsee-Kanals und ist umgeben von den idyllischen und ruhigen Gewässern der Eider und des Eiderkanals. Das Gut wurde im 16. Jahrhundert erbaut. Die prachtvollen Ausmaße und die idyllische Lage entsprechen den landläufigen Vorstellungen eines schleswig-holsteinischen Herrenhauses. Das Gut hat eine wechselhafte Geschichte mit verschiedenen Besitzern hinter sich. Anfang der 1990er Jahre erwarben Christine und Heinz Fromberger die gesamte Anlage. Mit viel Engagement und Liebe zum Detail ist hier in den vergangenen Jahren eine exklusive Zuchtstätte entstanden. Die geräumigen Stallungen und weitläufigen Weiden bieten ideale Bedingungen für die Zucht und Aufzucht von jungen, talentierten und hoffnungsvollen Nachwuchspferden.

**Gut Osterrrade**
Fromberger Zucht- und Sportpferde
Jan-Pierre Fromberger
24796 Bovenau
Tel.: 04334-1333
Fax: 04334-1339
E-Mail: *info@fromberger-hengste.de*
*www.fromberger-hengste.de*

Gestüt Tasdorf – Kreis Plön

# Petra Wilm: „Ich komme aus dem Sport und möchte für den Sport züchten"

Wer auf der Suche nach einem gut ausgebildeten Pferd für den Sport ist, sollte das Gestüt Tasdorf im Kreis Plön besuchen. „Ich komme aus dem Sport und möchte für den Sport züchten", sagt Gestütsleiterin Petra Wilm. Die Vorsitzende des Trakehner Verbandes und erfolgreiche Dressurreiterin setzt die Zuchtziele des ehemaligen Gestütsleiters Dieter Ingwersen, der leider 2010 im Alter von nur 48 Jahren völlig unerwartet viel zu früh verstarb, weiter konsequent um. Auf der großzügigen Gestütsanlage werden Tradition und Moderne zusammengeführt. Traditionell sind die bedeutenden Blutlinien der Stuten und Hengste, modern ist die Ausstattung der Gestütsanlage, die 1997 in Form eines holsteinischen Gutshofes neben der seit 40 Jahren bestehenden Reitanlage erbaut wurde.

Auf dem Gestüt Tasdorf steht das Pferd im Mittelpunkt. Zucht, Aufzucht und Ausbildung liegen in professionellen Händen, um beste Ergebnisse zu erzielen. Auf Gestüt Tasdorf werden Trakehner und Holsteiner Pferde gezüchtet. Je nach Alter sind die Pferde in großzügigen Boxen, Außenboxen und Laufställen untergebracht oder können sich auf weitläufigen Koppeln frei entfalten. Die meisten Holsteiner Stuten gehen auf die Stammstute Zodeika von Caletto – Ramiro zurück. Die Trakehner Stuten entstammen ausschließlich den uralten Stutenfamilien des Fürsten Dohna zu Schlobitten.

Petra Wilm liegt besonders die Ausbildung junger Pferde am Herzen. Die Remonten werden individuell nach den jeweiligen Fähigkeiten in Richtung Springen und Dressur ausgebildet. Hierfür stehen zwei Reithallen, zwei Sand- und ein Grasreitplatz zur Verfügung. Neben den Pferden aus eigener Zucht und Aufzucht sowie den Ausbildungspferden, werden besonders die Hengste sportlich vorgestellt. Auch sie müssen sich nicht nur durch Vererbungserfolge, sondern auch durch Eigenleistung etablieren. Unterstützt wird Petra Wilm von ihrem Sohn Philip Koch, der bis M-Springen erfolgreich ist und ihrer Tochter Caroline Wilm, die im Viereck bis zur schweren Klasse platziert ist.

Das Gestüt Tasdorf hat ständig gut ausgebildete Verkaufspferde, zum Teil aus eigener Zucht und Aufzucht, im Angebot. Darunter talentierte Springpferde diverser Holsteiner Abstammungen und hoffnungsvolle Remonten und Dressurpferde, ausgebildet bis zur Grand-Prix-Klasse. Zudem vermarktet das Gestüt Nachkommen von Tasdorfer Hengsten für ihre Züchter und Besitzer.

**PFERDEZUCHT IN SCHLESWIG-HOLSTEIN**

**Gestüt Tasdorf**
Petra Wilm
Busdorfer Weg 17
24536 Tasdorf
Tel.: 04321-30040
Fax: 04321-300411
E-Mail: *gestuet@gestuet-tasdorf.de*
*www.gestuet-tasdorf.de*

*Curly Horses sind verschmust und menschenbezogen*

Curly Horse – Landkreis Pinneberg

# Petra Sommer: „Die Pferde sahen aus wie Teddybären"

*Lara Sommer*

Petra Sommer züchtet Curly Horses in Bokel. Diese nordamerikanische Pferderasse hat lockiges Fell, das sehr talghaltig ist. „Ich habe eine Pferdehaarallergie", erzählt die in Schleswig-Holstein wohl einzige Züchterin dieser Pferderasse. Ihre Tochter Lara wollte mit sechs Jahren unbedingt reiten. Zufällig las sie einen Bericht über die Curly Horses, deren Fell (fast) keine allergischen Reaktionen bei den betroffenen Menschen hervorruft. Petra Sommer recherierte und entdeckte im Internet die Homepage der Züchterin Daniela Söhnchen in Nordrhein-Westfalen. Sie vereinbarte einen Termin und besuchte mit ihrer Tochter das kleine Gestüt. „Es war Winter und die Curly Horses hatten ganz weiches, dichtes und lockiges Fell", erinnert sich Petra Sommer. „Die Pferde sahen aus wie Teddybären. Ich habe mich gleich in die Tiere verliebt." Aber auch der Charakter der „lockigen" Vierbeiner habe sie überzeugt: „Meine Tochter und ich konnten gleich losreiten und alles war schön ruhig und entspannt." Sie erwarb das Fohlen „Golden Spirit", einen Perlino mit rosa Haut und blauen Augen. Der Wallach ist für die Familie Sommer immer noch etwas Besonders und Hüter der mittlerweile kleinen Herde auf dem Hof im Bokel. Curly-Horses sehen bereits auf den ersten

Blick anderes als andere Pferde aus. Auffallend ist natürlich das wellige bis lockige Deckhaar. Das Fell hat sich bei den Pferden wahrscheinlich wegen der eisigen Kälte im Ursprungsland über die Jahrzehnte entwickelt. Die Mähne ist ebenfalls lockig und viel weicher als bei anderen Pferden. Außerdem riechen diese Tiere nach Wolle und haben nicht den typischen Pferdegeruch.

Im amerikanischen Rassestandard wird ausschließlich Wert auf die Locken gelegt, wodurch man diese Rasse keinem Pferdetypus zuordnen kann. Es gibt Ponys, elegante Reitpferde, Quarterhorses und sogar Kaltblüter. Ihre Größe variiert deshalb von 1,30 bis 1,70 Meter. Alle Farben sind vertreten: Rappen, Falben, Schimmel, Braune und Füchse. Manche Curly-Horses in den ursprünglichen Farben der Wildpferde weisen sogar Zebrastreifen an den Vorderfußwurzelgelenken auf. Die Bunten sind nicht ganz so häufig, kommen aber auch vor.

Die Curly Horses in Bokel leben artgerecht im Herdenverband. Es gibt zwei Zuchtstuten, die Familie Sommer direkt aus Kanada importieren ließ. „Das war schon sehr aufregend", erzählt die Züchterin, „aber es hat alles gut geklappt." Die charmanten, hübschen Stuten heißen „Guelphs Gal" und „Summer Rain" und sollen im Frühjahr 2011 ihre ersten Fohlen bekommen.

**Curly Horses Bokel**
Petra und Lara Sommer
Mühlenstr. 23
25364 Bokel
Tel.: 04127-8383
Fax: 04127-8253
E-Mail: *p.sommer@curly-horses-bokel.de*
*www.curly-horses-bokel.de*

Wolfsberg Western Horses – Landkreis Plön

# American Quarter Horses in Holstein

American Quarter Horses sind ideale Sport- und Freizeitpartner. Auch in Deutschland ist diese Pferderasse sehr beliebt. Nach den USA, Kanada und Mexiko leben hier die meisten Pferde, nämlich über 31 000 Tiere. Christine Petersen züchtet seit 20 Jahren Quarter Horses in Schönkirchen bei Kiel. In den 80er Jahren hörte sie von den ersten Westernreitkursen in Schleswig-Holstein: „Ich habe damals an einem Lehrgang teilgenommen und war von dem Ergebnis sehr überrascht", erzählt die Berufsschullehrein. „Es war beeindruckend, wie schnell und mit wenig Aufwand man etwas erreichen konnte." Bis dahin hatte sie erfolgreich Norweger gezüchtet und klassisch geritten, aber nun war die Zeit für einen Wechsel gekommen: „Ich verkaufte meinen Norweger Zuchthengst und schaute mich nach Quarter Horses um."
1995 erwarb die Züchterin den Hengst CL Sierra Serenade von der Circle L Ranch in Niedersachsen, der bis heute großen Anteil an ihrem Zuchterfolg hat. Der Vierbeiner gibt sein ruhiges und ausgeglichenes Wesen, seine elastischen Bewegungen und ausgefallenen Farben an die Nachzucht weiter. Sein 1998 geborener Sohn Midnight Serenade wurde z.B. 2009 unter Katharina Dahm Deutscher Meister im Western Pleasure (Jugend). Bemerkenswert sind auch seine Eigenleistungen. Der Hengst kann zahlreiche Turniererfolge in Reining, Halter, Pleasure, Western Riding und Trail aufweisen. „CL Sierra Serenade ist ein Allrounder und deshalb sind seine Nachkommen wirklich sehr gut für anspruchsvolle Freizeitreiter geeignet", meint Christine Petersen. Die Pferdewirtschaftsmeisterin ist aktive Westernreiterin und nimmt an Turnieren der DQHA (Deutsche Quarter Horse Association) teil, die

## PFERDEZUCHT IN SCHLESWIG-HOLSTEIN

aber meistens in Niedersachsen und dem benachbarten Ausland statt finden. Auf dem Hof in Schönkirchen finden Kurse, z.B. mit dem amerikanischen Trainer Keith Long, statt. Wer einen Tipp und Hilfe benötigt, ist bei Christine Petersen herzlich willkommen.

**Wolfsberg Western Horses**
Christine Petersen
Flüggendorfer Straße 2
24232 Schönkirchen
OT Flüggendorf
Tel.: 04348-912703
Fax: 04348-912705
Mobil: 0174-1392421
E-Mail: petersen@wolfsberg-western-horses.de
www.wolfsberg-western-horses.de

*Der Hengst CL Sierra Serenade von der Circle L Ranch in Niedersachsen*

Gut Ludwigsburg – Landkreis Rendsburg-Eckernförde

# Reiten am gutseigenen Strand

Gut Ludwigsburg in Waabs entstand im Mittelalter aus einer Wasserburg. Im 18. Jahrhundert baute Graf Friedrich Ludwig von Dehn das barocke Herrenhaus, das auch heute noch von zwei Wassergräben umrundet wird. Familie Carl züchtet hier vor allem Trakehner, aber auch Holsteiner, Araber und Ponys. Besonders stolz ist Gutsbesitzer Kurt-Jürgen Carl auf seinen Shagya-Araber Hengst Bazar, Sohn des legendären Springpferdevererbers Bajar. „Bazar ist so wertvoll für die Zucht, dass er auch für die Holsteiner und Hannoveraner Zucht als Hengst anerkannt wurde", sagt der Züchter. Ein Jahr war der Elitehengst auf dem bayerischen Gestüt Arco-Araber im Einsatz und drei Jahre als Leihhengst im Hauptgestüt Neustadt/Dosse stationiert. Ansonsten wirkte Bazar sein Leben lang auf seinem Heimatgestüt Ludwigsburg.

*Das Wasserschloss entstand bereits im Mittelalter.*

*PFERDEZUCHT IN SCHLESWIG-HOLSTEIN*

Auf Gut Ludwigsburg sind auch Pensionspferde willkommen. Reitschüler erhalten auf gut ausgebildeten Schulpferden und -ponys Unterricht. Die Ausbildung findet in kleinen Gruppen in der Halle, auf dem Außenreitplatz und vor allem im Gelände statt. Direkt am Hof beginnt das herrliche Ausreitgelände. Außerhalb der Badesaison ist es zudem möglich, direkt an die Ostsee an den gutseigenen Strand zu reiten. Kurt-Jürgen Carl reitet jeden Morgen um acht Uhr aus: „Das ist mein persönlicher Luxus," sagt der Züchter. „Für mich gibt es nichts Schöneres, als mit einem Pferd draußen in der Natur zu sein."

Im Herrenhaus und Torhaus der Gutsanlage befinden sich darüber hinaus komfortable Ferienwohnungen für Urlaubsgäste. Sehr beliebt sind auch die Kinderreiterferien. Die jungen Reiterinnen und Reiter wohnen in gemütlichen Holzhäusern und werden im Hofcafé zum Teil mit Produkten aus dem landwirtschaftlichen Betrieb von Gut Ludwigsburg versorgt. Im Hofladen werden verschiedene Spezialitäten angeboten, z.B. Dam- und Rehwild, Weine und Schaffelle. Im Herrenhaus befinden sich zudem mehrere Veranstaltungsräume, z.B. die in Deutschland einmalige „Bunte Kammer", der „Goldene Saal" oder der „Gewölbe Keller" mit eigener Bar und Zapfanlage.

**Gut Ludwigsburg**
Kurt-Jürgen Carl
24369 Waabs
Tel.: 04358-98818
Fax: 04358-98820
Mobil: 0177-7471417
E-Mail: carl@gut-ludwigsburg.de
www.gut-ludwigsburg.net

Gestüt Panker – Landkreis Plön

# Zuchtziel ist der gekörte Junghengst

Das Gestüt Panker gehört zu den ältesten Trakehner Gestüten Deutschlands. „Wir züchten hier mit direkten Nachkommen des Trakehner Hauptgestüts", sagt Heinrich von der Decken, Direktor der Gutsverwaltung. Flüchtlinge brachten nach dem Krieg die Tiere aus Ostpreußen über die zugefrorene Ostsee nach Schleswig-Holstein. Die H-Linie geht auf die aus Trakehnen stammende Herbstzeit von Bussard zurück und wird heute u.a. von der Staatsprämien- und Prämienstute Herzenslust vertreten. Hochkarätig präsentiert ist zudem die Familie Tapete (heute Familie der Tatiana) u.a. durch die Stuten Tanzsport und Tanzmaus. Aus der Zucht des Gestüts stammen zudem etwa 60 erfolgreich gekörte Hengste, u.a. Herzensdieb, der Trakehner Siegerhengst 2005, Tuareg, Herzbube und Travell. „Unser Zuchtziel ist vornehmlich der gekörte Junghengst", erklärt von der Decken. Der aus einer pferdebegeisterten Familie stammende Direktor der Gutsverwaltung wird von Veronika von Schöning unterstützt. Die Pferdewirtschaftsmeisterin für Zucht und Haltung ist eine der erfolgreichsten Züchterinnen des Trakehner Pferdes. Sie hat u.a. die Hengste Herzruf, Hibiskus und Hirtentanz gezogen.

Das Gestüt Panker wurde 1947 von der Kurhessischen Hausstiftung unter der Führung von Landgraf Philipp von Hessen gegründet. Die Hessische Hausstiftung ist eine Familienstiftung. Sie hat es sich zur Aufgabe gemacht, Kulturwerte des hessischen Fürstenhauses zu erhalten, die im Laufe von über acht Jahrhunderten zusammengetragen wurden. Damit soll die Geschichte und das Wirken der Landgrafen von Hessen-Kassel, Hessen-Darmstadt sowie der Kurfürsten und Großherzöge von Hessen bewahrt bleiben.

Das Gestüt ist Teil von Gut Panker, einem malerischen Ort zwischen Lütjenburg und Schönberg in der Holsteinischen Schweiz. Besucher können hier hautnah der über

500 Jahre alte Geschichte des Gutes nachspüren. Eine schmale Straße führt am barocken Herrenhaus, der Kapelle, den alten Wirtschafts- und Wohngebäuden vorbei. Die Zuchtstuten mit ihren Fohlen und die Hengste können sich dort auf über 25 Hektar Weidefläche prächtig entwickeln. Die Ausbildung der Jungpferde erfolgt mit bewährten Partnern. „Wir bieten Interessenten bewegungsfreudige und leistungsbereite Pferde für den Sport", sagt von der Decken. Aber auch Züchter, die eine bewährte Mutterstute suchen, sind herzlich willkommen.

**Gestüt Panker**
Heinrich von der Decken
24321 Panker
Tel.: 04381-418999 (Gestüt)
04381-7071 (Verwaltung)
Fax: 04381-5260
E-Mail: info@gestuet-panker.de
www.gestuet-panker.de

*Das Gestüt Panker ist eines der ältesten Trakehnergestüte in Deutschland.*

PFERDEZUCHT IN SCHLESWIG-HOLSTEIN

Fohlenhof Stahr – Landkreis Schleswig Flensburg

# Hier sind Pferdebabys gut aufgehoben

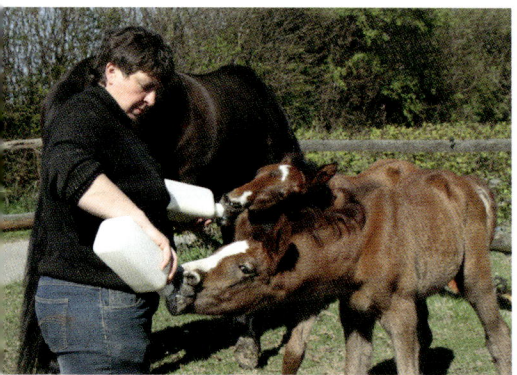

*Mit viel Liebe füttert Christiane Stahr ihre Schützlinge.*

Wenn eine Stute bei der Geburt stirbt, muss das Fohlen mit der Flasche aufgezogen werden oder möglichst schnell eine Amme gefunden werden. Auch wenn die Stute ihr Fohlen nicht annimmt, ist guter Rat teuer. Christiane Stahr bietet Züchtern aus Schleswig-Holstein in einem solchen traurigen Fall schnelle und unbürokratische Hilfe.

Auf dem Fohlenhof Stahr in Süderbrarup sind die Pferdebabys gut aufgehoben. Mit viel Liebe und Geduld versucht Christiane Stahr, eine Ammenstute für jeden mutterlosen Vierbeiner zu finden. Klappt dies nicht, müssen die Fohlen ganz schnell an die Nuckelflasche gewöhnt werden. Zu Beginn werden die mutterlosen Fohlen rund um die Uhr alle zwei Stunden gefüttert. Die Fohlen haben noch einen sehr kleinen Magen und brauchen die häufige Fütterung, um genügend Flüssigkeit zu bekommen.

Erst ab der vierten bis sechsten Woche wird auf „Eimer-Fütterung" umgestellt und die Fütterungsintervalle verlängern sich.

1995 befand sich die Pferdewirtschaftsmeisterin und staatlich geprüfte Besamungsbeauftragte zum ersten Mal selbst in der Situation, ein mutterloses Fohlen aufziehen zu müssen. „Unsere alte Zuchtstute war nach der Geburt gestorben", erinnert sich die Holsteiner Züchterin. „Damals gab es in Schleswig-Holstein noch keinen Fohlennotruf." So fing alles an, sie besorgte sich die nötigen Informationen und hielt in der eigenen Herde Ausschau nach einer geeigneten Ammenstute. „Da war eine sehr scheue und wenig selbstbewusste Stute, die noch nie ein Fohlen bekommen hatte", erzählt Christiane Stahr. „Sie hat das Waisenfohlen sofort angenommen." Für die Züchterin ein absoluter Glücksfall: „Die Stute wirkte auf einmal richtig zufrieden. Sie wurde immer selbstbewusster und irgendwann wurde sie sogar die Leitstute der Herde."

Seitdem bieten sie und ihr Ehemann Werner auch anderen Züchtern diesen Dienst an. In den Monaten März bis Juli sind die beiden rund um die Uhr im Einsatz. Zehn bis zwanzig mutterlose Fohlen werden in der Saison im Durchschnitt gemeldet. Um keine Zeit zu verlieren, müssen die Fohlen möglichst schnell auf den Fohlenhof, zeitgleich beginnt Christiane Stahr bereits am Telefon eine geeignete Ammenstute zu suchen. Findet sie keine Stute, die unglücklicherweise ihr Fohlen verloren hat und so das fremde Fohlen annehmen könnte, kommt eine nicht säugende Stute in Frage. Viele Züchter haben Stuten, die in einem Jahr nicht tragend sind und sich dafür eignen. Die meisten Vierbeiner übernehmen diese Aufgabe sehr gern, weiß Chritiane Stahr: „Manche sind so glücklich, dass sie sogar Milch produzieren."

Auf dem Fohlenhof in Süderbrarup werden aber auch Zuchtstuten als Pensionspferde betreut – von der Besamung der Stute, über das Abfohlen, bis hin zum Absetzen der Fohlen und der Aufzucht vom Absetzer bis zur Remonte. Besonders erfolgreich ist das Ehepaar Stahr bei der Betreuung von Problemstuten, die nicht tragend geworden sind oder aus dem Sport kommen und nun in der Zucht eingesetzt werden. Die Stuten verbringen die meiste Zeit im Herdenverband auf den Weiden des Hofes. Auch im Winter ist ein mehrstündiger Weidegang selbstverständlich.

**Fohlenhof Stahr**
Christiane Stahr
Westenstr. 61
24392 Süderbrarup
Tel.: 04641-1002
Fax: 04641-988855
Mobil: 0172-9868219
E-Mail: *stahr-holsteiner@t-online.de*
*www.fohlenhof-stahr.de*

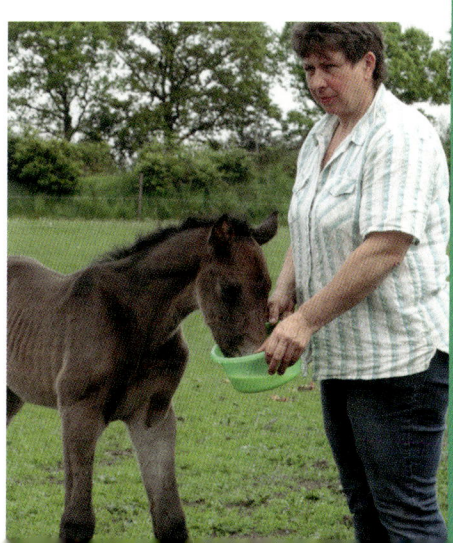

Stall Ritters – Landkreis Dithmarschen

# Hier werden „Meister" gezüchtet

*Jens Ritter und seine Ehefrau Catrin*

Jens Ritters aus Krumstedt ist einer der erfolgreichsten Züchter Holsteiner Pferde in Schleswig-Holstein. Prominente Pferde wie Classic Touch (Goldmedaille Einzelwertung 1992 unter Ludger Beerbaum) und Marius Voigt-Logistik (Bronzemedaille Mannschaftswertung 2004, Weltmeister 2006, Doppel Olympiasieger Hong Kong 2008 unter Hinrich Romeike) stammen aus seinem Stall in Krumstedt. „Wir haben in letzter Zeit viel Glück gehabt", sagt der Züchter schmunzelnd. Aber Glück ist natürlich nicht alles. Seit fast 200 Jahren ist der landwirtschaftliche Betrieb in Familienbesitz. Schon der Vater und Großvater züchteten Holsteiner Pferde. „Ich habe natürlich ganz viel von meinem Vater gelernt", gesteht der aktive Springreiter, der auf Turnieren bis zur schweren Klasse unterwegs war. „Wichtig ist, die Schwächen einer Stute zu erkennen und diese durch eine geschickte Anpaarung auszugleichen." Deshalb benutze er immer verschiedene Hengste und nicht unbedingt die aktuellen Stars. „Man sollte nicht jede Modeerschei-

nung mitmachen, sondern einen Hengst suchen, der zur Stute passt."

Zwölf bis fünfzehn Stuten leben artgerecht auf dem Hof der Familie Ritters. Jedes Jahr werden fünf bis sechs ausgewählte Hengste für die Körung in Neumünster vorbereitet. Es gibt großzügige Boxen, eine Reitanlage, Außenplätze, Paddocks und eine Führmaschine – also optimale Trainingsbedingungen für Pferd und Reiter.

Jens Ritters hat schon im Juniorenalter die Farben Schleswig-Holsteins bei Deutschen Meisterschaften vertreten. Heute kümmert er sich zusammen mit seiner Frau Catrin, die ebenfalls aktive Turnierreiterin ist, um die Ausbildung der Jungpferde. Tochter Janne (geb. 2000) hat sich ebenfalls vom Pferdebazillus der Familie anstecken lassen und erste Turniere mit ihrem Pony absolviert. Der ein Jahr jüngere Sohn Tim hat noch nichts mit Pferden am Hut, sondern ist begeisterter Treckerfahrer und Fußballspieler.

**Stall Ritters**
Jens Ritters
Schulstraße 1 • 25727 Krumstedt
Tel.: 04830-1473
E-Mail: *familieritters@online.de*
*www.stall-ritters.de*

Shagya-Gestüt Neuenbrook – Landkreis Steinburg

# Edle Pferde mit Leistungswillen

Seit über 30 Jahren züchtet Ingrid Früchtenicht Shagya-Araber. Die meisten Pferdefreunde glauben, dass Shagyas „halbe" Vollblutaraber seien – ein Irrtum. „Diese Pferde sind größer und kräftiger als Vollblutaraber" sagt Ingrid Früchtenicht. Zuchtziel sei ein harmonisches und vielseitiges Pferd mit einem Stockmaß zwischen 1,50 und 1,65 Metern. „Shagya-Araber sind sehr menschenbezogen, ruhig, gelassen und vor allem leistungsstark und vielseitig."

Auf dem Gestüt in Neuenbrook können Pferdefreunde, Käufer, aber auch Einsteller die friedliche und familiäre Atmosphäre genießen. Hier werden keine Pferde für Ausstellungen gezüchtet, sondern Vierbeiner für den Freizeit- und Turnierreiter. Pferdewirtschaftsmeisterin Natascha Howaniétz erzieht bereits die Fohlen, um schließlich die Remonten schonend klassisch anzureiten und dann weiter zu fördern.

Die Pferde leben auf ca. zehn Hektar Weiden und erhalten bestes Futter, um sich optimal zu entwickeln. Im Winter stehen für Zuchtstuten und Jungpferde geräumige Offenställe bereit. Auf dem Gestüt gibt es zudem Außen- und Paddockboxen für Pensionspferde, die von erfahrenem Fachpersonal betreut werden. Kinder, Jugendliche und Erwachsene können darüber hinaus am Reitunterricht teilnehmen, für den die Zuchtstuten als Lehrpferde zur Verfügung stehen.

**Shagya-Gestüt Neuenbrook**
Ingrid Früchtenicht
Ost 21
25578 Neuenbrook
Tel: 048424-2167
Fax: 04824-300504
E-Mail: ingrid.fruechtenicht@t-online.de
http://shagya-zucht.jimdo.com
www.shagya-zucht.de

*Edle Pferde für Freizeit und Sport*

Holsteiner Zucht – Familie Marquardsen – Landkreis Schleswig-Flensburg

# Zucht mit bewährten Stämmen

Familie Marquardsen züchtet seit über 40 Jahren Holsteiner Pferde. Alles begann mit zwei Zuchtstuten: „Wir haben die Zucht auf einem Stamm aufgebaut", erzählt der Senior Uwe Marquardsen, dessen Vater schon Schleswiger züchtete. Mittlerweile sind moderne Stallungen und eine große Reithalle hinzugekommen. Der Pferdebestand ist auf ca. 20 Pferde angestiegen, darunter sechs Zuchtstuten, deren Pedigrees auf bewährte Holsteiner Stämme zurückgehen, damit neben der Veredelung mit passenden Hengsten, die teilweise viel Vollblutanteil führen, die Werte des Holsteiners erhalten werden.

Sein Sohn Bernd, der im Hauptberuf Polizist ist, fühlt sich dieser Tradition ebenfalls verbunden. Die Jungpferde wachsen im Herdenverband auf Weiden im Naturschutzgebiet auf. Die älteren Stuten dürfen dort ihr Gnadenbrot genießen. Birte Marquardsen bildet die Pferde aus und stellt die jungen Talente auch auf Turnieren vor. Aus der Zucht der Familie Marquardsen stammt z.B. Lord Calletto, der von Paul Schockemöhle geritten wurde.

Familie Marquardsen nimmt auch Pensionspferde auf, die in hellen und geräumigen Boxen eingestellt werden. Es gibt aber auch eine Sommerweide, Paddocks und eine Reithalle.

**Zuchtstall Marquardsen**
Bernd und Uwe Marquardsen
Dorfstraße 19
24395 Rabenholz/Ostsee
Tel.: 04643-2373
E-Mail: *info@holsteinerpferde.de*
*www.holsteinerpferde-marquardsen.de*

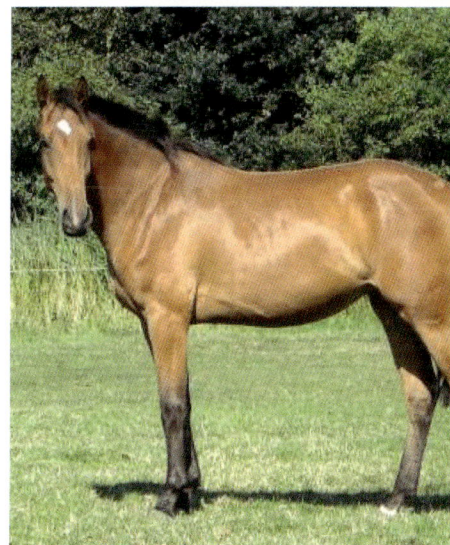

*Die Fohlen wachsen artgerecht auf*

**PFERDEZUCHT IN SCHLESWIG-HOLSTEIN**

Ponygestüt Holstein – Landkreis Rendsburg-Eckernförde

# Rolf Buhmann: Erfolge auf ganzer Linie

Wer ein Pony für den gehobenen Dressur- oder Springsport sucht, ist auf dem Ponygestüt Holstein bestens aufgehoben. Hier züchtet Rolf Bumann Shetland-Ponys, Deutsche Reitponys und Welsh-Ponys. Der 61-jährige übernahm 1993 den Betrieb von seinem Vater Karl-Heinz Bumann, der bereits 1959 mit der Zucht von Reitponys der Spitzenklasse begann. Schon damals war es das Ziel, große, rittige und charakterlich einwandfreie Ponys für den Sport zu züchten. Die Ponys vom Gestüt Holstein erzielten große Erfolge im Sport und in der Zucht.

1995 erhielt Karl-Heinz Bumann dafür die goldene Plakette der Reiterlichen Vereinigung für hervorragende Leistungen in der Pferdezucht und Haltung. Der größte Erfolg war seitdem viermal in Folge die Platzierung als erfolgreichster Züchter im deutschen Ponysport (siehe Jahrbücher Sport 2001-2004). **2006** bekam sein Sohn Rolf Bumann den Ehrenpreis der Landwirtschaftskammer Schleswig-Holstein für beispielhafte Leistungen in der Tierhaltung. Das Geheimnis seines Erfolges? „Eine glückliche Hand und viel Erfahrung", erwidert der Züchter. Er schaue sich die Stuten und Hengste immer genau an, um die optimale Anpaarung zu finden. Wichtig sei dabei vor allem auch der Charakter der Vierbeiner. Trotzdem sei eine erfolgreiche Zucht auch Glückssache: „Man kann die besten Stuten und Hengste zusammen bringen und trotzdem kommt nichts Gutes dabei heraus."

Ein wichtiger Faktor sei die artgerechte Aufzucht und Haltung der Ponys, die im Herdenverband auf der Koppel und im Winter in Laufställen aufwachsen. Für die Ausbildung seiner Ponys nimmt sich Rolf Bumann viel Zeit. Pferdewirtin Inga Green aus Selk bildet derzeit einen Großteil seiner jungen Ponys aus: „Sie ist für mich ein echter Glücksgriff", sagt der Züchter. Die erfolgreiche Dressur- und Springreiterin, die mit ihrem Lebensgefährten einen Reitbetrieb in Selk führt, stellt die Ponys vom Gestüt Holstein auf Turnieren und Championaten vor, bis diese einen Käufer finden.

Übrigens: Seit 1995 erhalten alle Pferde, die auf dem Gestüt Holstein gezüchtet werden, das Präfix HOLSTEIN vor ihren Namen, heißen also z.B. „Holsteins Number One" oder „Holsteins Wellness".

**Ponygestüt Holstein**
Rolf Bumann
Süderstraße 33
24214 Gettorf
Tel: 04346-41600
Fax: 04346-416060
E-Mail: *info@ponygestuet-holstein.de*
*www.ponygestuet-holstein.de*

*Der Name HOLSTEIN bürgt für Qualität*

Islandpferdegestüt und Vollblutaraber Osterbyholz – Landkreis Rendsburg-Eckernförde

# Eine Anlage für höchste sportliche Ansprüche

Am Rande des Naturparks Hüttener Berge in der Nähe von Eckernförde befindet sich das Islandpferdegestüt Osterbyholz. Das Herz des Gestüts ist eine alte Hofanlage, die liebevoll zu Wohn- und Ferienhäusern wiederhergerichtet wurde. Iris Petrikat und Peter Neumann züchten hier Isländer und Vollblutaraber. „Die Familie suchte vor einigen Jahren ein zuverlässiges Pferd zum Ausreiten", erzählt Iris Petrikat. „So kam der erste Isländer auf den Hof." Aber dabei blieb es nicht. „Meine Leidenschaft sind außerdem Vollblutaraber und daher kam diese Kombination zustande." Zuchtziel sind schöne, leistungsbereite und rittige Pferde.

*Siegerehrung der Deutschen Islandpferdemeisterschaft*

Die Anlage erfüllt höchste sportliche Ansprüche. Auf dem Hof gibt es eine große helle Reithalle, ein Round Pen und zwei Dressurvierecke. Darüber hinaus gibt es Pass- und Ovalbahnen mit verschiedenen Längen. Diese bewährten sich bereits bei nationalen und internationalen Turnieren.

Gäste können ihren Urlaub in Vier-Sterne und sogar Fünf-Sterne-Ferienwohnungen verbringen. Es ist möglich, das eigene Pferd mitzubringen. Besonders kleine Gäste sind willkommen. Auf dem Hof warten viele Streicheltiere auf die Besucher.

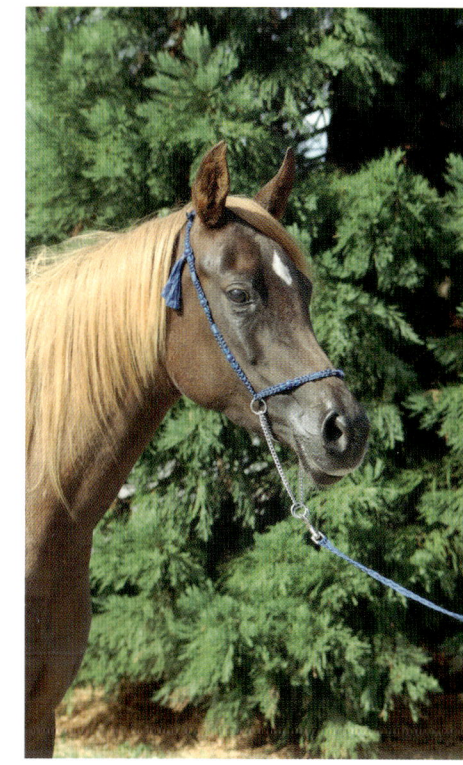

**Islandpferdegestüt und Vollblutaraber Osterbyholz**
Iris Petrikat und Peter Neumann
Sva-Jo-Weg
24367 Osterbyholz
Tel.: 04351-41734
Fax: 04351-45432
E-Mail: osterbyholz@t-online.de
www.islandpferdegestuet-osterbyholz.de
www.vollblutaraber-osterbyholz.de

*Der Hengst Eldir*

*Die Vollblutaraberstute Jasmina*

Mini-Shetland Gestüt Schalenburg – Landkreis Steinburg

# Hans Heinrich Ehlers: „Das sind tolle Ponys"

Hans Heinrich Ehlers züchtet seit 18 Jahren sehr erfolgreich Mini-Shetland Ponys. Zuchtziel sind typvolle, korrekte und bewegungsstarke Ponys unter 87 cm. Zur Zucht kam der Metallbauer durch einen Zufall. Als er bei einem Kunden Pferdeboxen montierte, entdeckte er ein Mini-Shetland-Pony. „Da hatte ich die Idee, so ein Pony meiner Tochter mitzubringen", erinnert sich der Züchter. Zunächst erwarb der Steinburger einen Hengst, dann kam eine Stute dazu und schließlich wurde das erste Fohlen geboren. Unterstützt von seiner Ehefrau Manuela und Tochter Tanja entwickelte sich daraus ein richtiger Zuchtbetrieb. Mittlerweile hat der Züchter allen Grund, stolz auf sich zu sein: Jedes Jahr werden seine Hengste vom Pferdestammbuch Schleswig-Holstein gekört und seine Stuten und Fohlen prämiert. „Meistens verkaufe ich meine Ponys dann wieder an Liebhaber und Züchter in ganz Europa", sagt Hans Heinrich Ehlers. Familie

*Die Minishetties der Familie Ehlers sind wahre Zuchtperlen.*

Ehlers tritt aber mit ihren kleinen Vierbeinern auch auf Zuchtschauen an, z.B. in Redefin und in Schweden. Selten, dass die Züchterfamilie ohne Preise und Auszeichnungen nach Hause fährt. Ehefrau Manuela kümmert sich meistens darum, die kleinen Vierbeiner zu waschen und zu putzen, damit diese dann auch optimal präsentiert werden können. Tochter Tanja hat so viel von ihrem Vater gelernt, dass sie mittlerweile selber Mini-Shetland Ponys züchtet.

Die Zucht und Präsentation der Ponys nimmt viel Zeit in Anspruch, macht aber auch sehr viel Spaß, besonders „wenn man erfolgreich ist", so Hans Heinrich Ehlers lachend. Ihn begeistert vor allem der Charakter der Mini-Vierbeiner: „Das sind wirklich tolle Ponys, sehr geradlinig und freundlich. Gerade für Kinder sind sie deshalb besonders geeignet."

**Mini-Shetland-Gestüt Schalenburg**
Familie Ehlers
Dorfstraße 3
25560 Bokhorst
Tel.: 04892-1783
E-Mail: *heinerehlers@t-online.de*
*www.gestuetschalenburg.de*

Gestüt Hohenschmark – Landkreis Plön

# Trakehner Zucht mit langer Tradition

Das Gestüt Hohenschmark befindet sich in Grebin in der Holsteinischen Schweiz, direkt am idyllisch gelegenen Schmarksee. Bekannt wurde das Gestüt im Jahre 1964, als bei der Trakehner Körung in Neumünster gleich zwei Hengste, „Hartenstein" und „Schabernack", für die Zucht zugelassen wurden. Seit 2005 ist das Traditionsgestüt im Besitz des Ehepaars Birgit und Norbert Timm, die hier eine moderne Ausbildungs- und Zuchtstätte aufgebaut haben.

Seit 2007 ist Frank Bangert Gestütsleiter auf Hohenschmark. Der Pferdewirtschaftsmeister und Agraringenieur möchte der Trakehner Zucht zu neuem Glanz verhelfen und eine Begegnungsstätte für Züchter und Reiter schaffen. Er selbst züchtet seit den 1970er Jahren erfolgreich Trakehner Pferde und ist von der Qualität der Rasse überzeugt: „In den richtigen Händen können Trakehner Großartiges leisten." Trakehner seien sehr menschbezogen und im Vergleich zu anderen Warmblutrassen „leicht zu händeln." Er wehre sich gegen das in Schleswig-Holstein verbreitete Vorurteil, dass Trakehner nur etwas für ambitionierte Freizeitreiter seien: „Immerhin hat jetzt sogar der Holsteiner Verband den Hengst Hirentanz für die Zucht zugelassen." Seit Anfang der 1990er Jahre ist Frank Bangert beruflich in der Pferdezucht engagiert, zunächst als Leiter des Gestütes Webelsgrund, dann als Landstallmeister des Landes Sachsen-Anhalt sowie Leiter des Landgestüts Prussendorf, zuletzt als Leiter des Gestütes Tasdorf in Schleswig-Holstein.

Das Team vom Gestüt bewirtschaftet ca. 100 Hektar Grünland, davon sind 50 Hektar Weiden. Der Stutenbestand beträgt 15 bis 20

*Gestütsleiter Frank Bangert*

Mutterstuten überwiegend Trakehner Abstammung. Weitere Schwerpunkte sind die EU-Besamungsstation, die derzeit mit acht Trakehner Hengsten besetzt ist, und die Aufzucht von Hengstanwärtern. Die Ausbildung der Hengste und Nachwuchspferde liegt in den Händen von Pferdewirtschaftsmeisterin Daniela Wohlrab.

Auf Gestüt Hohenschmark finden regelmäßig Veranstaltungen statt, z.B. Stuteneintragungen, Fohlen- und Verkaufsschauen. Zudem wird immer eine kleine Kollektion an Verkaufspferden aus eigener Zucht und Aufzucht geboten.

**Gestüt Hohenschmark**
Dipl. Agrar-Ing. und Pferdewirtschaftsmeister
Frank Bangert
Schmark 1
24329 Grebin
Tel.: 04383-518544
mobil: 0174-3753290
Fax: 04383-518545
E-Mail: *info@gestuet-hohenschmark.de*
*www.gestuet-hohenschmark.de*

*Die Besamungsstation*

Hispano-Araber Züchterin Anja-Maria Manthey – Landkreis Nordfriesland

# Zucht von menschenbezogenen und freundlichen Gebrauchspferden

Anja-Maria Manthey ist in Deutschland die einzige in Spanien anerkannte Züchterin von Hispano-Arabern. Die Rasse entstand Ende des 18. Jahrhunderts, als man in Spanien den Pura Raza Española (PRE) mit Arabischen Vollblut veredelte. Seit 1986 wird der Hispano-Araber in einem eigenen Stutbuch geführt. Anja-Maria Manthey züchtet aber auch mit Shagya-Arabern. Dieses Zuchtkonzept wird vom spanischen Verband ausdrücklich unterstützt. „Wir züchten harmonische, vielseitige und vor allem freundliche Gebrauchspferde", sagt die Züchterin aus Langenhorn in Nordfriesland. Ihre Pferde wachsen artgerecht direkt an der Nordsee im Offen- und Laufstall im Herdenverband auf. Dabei trainieren diese großrahmigen Vierbeiner bereits im Fohlenalter ihr Sozialverhalten. „Hispano-Arbaber sind sehr umgänglich und menschenbezogen", meint Anja-Maria Manthey. Deshalb sei diese Rasse besonders für Freizeitreiter geeignet, die sich „entspannen und Spaß haben wollen."

### Zucht und Aufzucht von Hispano-Arabern

Im Jahr 2004 hat Philippe Karl die Schule der Légèreté ins Leben gerufen mit dem Ziel, seine Philosophie der Légèreté (frz. Für Leichtigkeit) an engagierte und qualifizierte Reitlehrerinnen und Reitlehrer weiterzugeben. Zentrales Grundprinzip der Schule der Légèreté ist der absolute Respekt gegenüber dem Pferd. U.a. ist Birgit Beck-Broichsitter auf Fehmarn eine liszenzierte Trainerin. Mehr Infos unter: www.reiten-bbb.de

Darüber hinaus seien die Pferde sehr leistungsbereit und aufgrund ihres barocken Körperbaus besonders gut in der Lage, die versammelnden Lektionen der Klassischen Dressur oder der leichten Reitweise, Légèrté, zu erlernen. Grundsätzlich tragen die Hispano-Araber vielseitige Talente und Eigenschaften in sich, je nach dem wie hoch der Araber-, Shagya- oder PRE-Anteil eines Pferdes ist. Wichtig sei, so die Züchterin, eine solide Ausbildung. Durch die hohe Leistungsbereitschaft und sanfte Intelligenz lernen diese menschenbezogenen Iberer schnell und lassen sich recht leicht ausbilden: „Auch wenn sie sich gern anbieten, um ihrem Menschen zu gefallen, sollte der Ausbilder dem Jungpferd genügend Zeit geben, alle Ausbildungsphasen ruhig zu durchlaufen." Sie selbst habe zunächst klassisch geritten, dann das Westernreiten entdeckt und heute sei sie vor allem vom altkalifornischen Reitstil, dem von der spanischen Reitweise beeinflussten Westernreiten, fasziniert:„Wichtig ist mir, dass meine Pferde schon auf feine Impulse reagieren." Sie bevorzuge Pferde, die gut erzogen sind.

**Zucht von Hispano-Arabern**
Anja-Maria Manthey
Dorfstraße 153
25842 Langenhorn
Tel.: 04672-631
E-Mail: *am-manthey@t-online.de*
*www.spanisches-sportpferd.de*

*Raufereien machen stark.*

## Das VR Classic in Neumünster

Das internationale Turnier VR Classics CSI***/CDI-W findet seit 1951 immer zum gleichen Termin statt, nämlich vom 17. bis zum 20. Februar. Die Neumünsteraner Fabrikanten Richard Brüggen und Hermann Marsian beschlossen damals, ein Hallenreitturnier zu realisieren. Vorher hatten die beiden Pferdefreunde Erfahrungen bei Freilandturnieren für Soldatenreiter am Reitplatz „am Forstweg" gesammelt. Brüggen und Marsian bürgten für den finanziellen Erfolg und übernahmen persönlich das finanzielle Risiko. Den ersten großen Preis gewann 1951 Hans-Jürgen Huck mit „Toni". Die Veranstaltung entwickelte sich bald zu einem Turnier mit internationaler Beteiligung. Seit 1969 war Christian Horn allein verantwortlicher Turnierleiter, bis er 2010 überraschend im Alter von 75 Jahren starb. Die Turnierleitung übernahmen nun Paul Schockemöhle und Ulrich Kasselmann.

Die Teilnehmer und Besucher schätzen die perfekte Organisation und das vielfältige Programm des Turniers. Natürlich sind auch die Preisgelder für die Reiter und Reiterinnen interessant. Insofern wäre die Veranstaltung, ohne die treuen Sponsoren in dieser Form nicht zu realisieren. Zudem befindet sich der gesamte Austragungsort „unter einem Dach": die Hauptarena, die Abreitehalle und die stationären Stallungen. Jedes Pferd kann selbst bei schlechtem Wetter optimal auf die Prüfungen vorbereitet werden und mit „trockenen Hufen" die Arena betreten.

Mehr Infos unter: www.reitturnier.de

## Das Scharbeutzer Stranddderby

Reitsport- und Pferdefreunde fiebern im Frühjahr dem Scharbeutzer Stranddderby entgegen. Das Pferderennen findet direkt am Strand von Scharbeutz statt und ist ein Heidenspaß. Die Strecke beträgt 400 Meter. Vom Start geht es 200 Meter geradeaus zu einer Wendemarke und dann 200 Meter zurück. Beim Mannschaftsrennen wird die Gerte als „Staffelstab" jeweils bei der Rückkehr an der Start- und Ziellinie übergeben. Jeder Reiter kann im Mannschaftsrennen und in einem Einzelrennen starten. Eine Kleidungsordnung gibt es nicht, eine Drei- oder Vierpunkt-Kappe ist allerdings Pflicht. Veranstalter ist der Tourismus-Service Scharbeutz unter Mithilfe von Gabriele Klein vom Hiller-Hof.

*Stranddderby Scharbeutz: Hauptsache schnell!*

# Ein engagierter Partner für den Pferdesport:
## Die Volksbanken und Raiffeisenbanken in Schleswig-Holstein

Schleswig-Holstein ist ein Pferdeland. Nach aktuellen Schätzungen des Pferdesportverbandes Schleswig-Holstein (PSH) leben hier ungefähr 100.000 Pferdesportler und ebenso viele Pferde. Jedes Jahr finden rund 200 Turniere statt, vom kleinen Landturnier bis zu den Top Events wie den VR Classics in Neumünster.

Die Volksbanken und Raiffeisenbanken (VR Banken) in Schleswig-Holstein sind wichtiger und engagierter Partner des Pferdesportverbandes SH und Sponsor zahlreicher Turniere im Land. „Wir fühlen uns seit vielen Jahrzehnten dem Reitsport verbunden", sagt Dr. Michael Brandt, Vorstandsvorsitzender des Presse- und Informationsdienstes der Volksbanken und Raiffeisenbanken. Zum einen sind die VR Banken Namensgeber der VR Classics und des Großen Preises in Neumünster, zum anderen unterstützen sie durch die große Verbundenheit vor Ort auch die ländlichen Turniere im hohen Norden. „Wir haben im Laufe der Jahre sehr gute Kontakte zu den Turnierveranstaltern und Reiterinnen und Reitern in Schleswig-Holstein aufgebaut und haben das Ziel, diese positiven Kooperationen auch in Zukunft fortzuführen", so Dr. Brandt weiter.

Zudem sind die Volksbanken und Raiffeisenbanken Partner des alljährlich stattfindenden Landesturniers in Bad Segeberg und präsentieren u.a. den Großen Preis von Schleswig-Holstein. Bei diesem Turnier kämpfen die Reiterinnen und Reiter um die Landesmeisterschaften der Landesverbände Hamburg und Schleswig-Holstein im Springen und der Dressur. Ein besonderes Highlight ist zudem der Abteilungswettkampf der Reit- und Fahrvereine Schleswig-Holsteins und der Junioren-Reitabteilungen.

Darüber hinaus sind die Genossenschaftsbanken überall im Land verlässliche Finanz- und Vorsorgepartner für die Betreiber von Pferdepensionen und Ferien- sowie Zuchtbetrieben. Für Existenzgründer hat sich das VR-Gründungskonzept vielfach bewährt. Die Berater der VR Banken informieren Interessierte über die Themen Existenzchancen, Standortfragen und Finanzierung. Und der Weg ist auch nicht weit: Im Land zwischen den Meeren gibt es über 340 Geschäftsstellen der Volksbanken und Raiffeisenbanken - von Flensburg bis Norderstedt und von Lübeck bis Niebüll.

**Volksbanken Raiffeisenbanken**

Presse- und Informationsdienst der Volksbanken und Raiffeisenbanken e.V. (PVR)
Raiffeisenstraße 1 - 3
24768 Rendsburg
Tel.: 04331-1304-1300
Fax: 04331-1304-1308
Mail: *pvr@genossenschaftsverband.de*
Web: *www.vr-sh.de*

## Baltic Horse Show

Seit über 20 Jahren ist die Baltic Horse Show ein besonderes Event-Highlight. Spitzenreiter und Top-Voltigierer aus Schleswig-Holstein und dem Ausland präsentieren in der Sparkassen Arena in Kiel ihr Können. Ein Zuschauermagnet ist das Fahrduell, bei dem Zwei- und Vierspänner und Pony-Zweispänner im rasanten Tempo gegeneinander antreten. Traditionell startet die Baltic Horse Show mit dem Eröffnungskonzert im Kieler Schloss, das von einer bekannten Persönlichkeit des öffentlichen Lebens eröffnet wird. Die Kombination von Spitzensport und Showprogramm ist ein weiteres Konzept

*Marcus Beerbaum bei der Baltic Horse Show*

dieses Turniers. Vereine und Pferdefreunde präsentieren kreative, spannende und fantasievolle Showbilder. Am Kindertag dürfen die jüngsten Pferdefans (bis 16 Jahre) die Baltic Horse Show kostenlos besuchen und am Familientag ist der Eintritt ermäßigt.
Mehr Infos unter: www.baltic-horse-show.de

## Die Trakehner Hengstkörung

Der Internationale Trakehner Hengstmarkt zählt zu den wichtigsten Veranstaltungen des Trakehner Verbandes. Traditionell werden am letzten Oktober-Wochenende in den Holstenhallen von Neumünster die neuen Vatertiere für die Zucht bestimmt. Alle Hengste, die vor die Körkommission unter Leitung von Zuchtleiter Lars Gehrmann treten, sind zweieinhalb Jahre alt. Nicht jeder Hengst hat das Glück, die Reise nach Neumünster anzutreten. Die Körkommission prüft in einer Vorauswahlreise durch ganz Deutschland die einzelnen Kandidaten. Bei der Hengstkörung werden die Junghengste von den Richtern über drei Tage beurteilt und gemustert. Dabei stehen folgende Eigenschaften im Fokus:

- Abstammung
- äußere Erscheinung
- Bewegungsablauf inklusive Springen
- die inneren Eigenschaften

*Die Bodenmusterung bei der Trakehner Hengstkörung*

Im Anschluss an die Prüfung gibt der Zuchtleiter Lars Gehrmann das Körurteil bekannt. Besonders herausragende Vierbeiner werden mit einem Prämien-Prädikat versehen. Der Beste des Lots wird zum Siegerhengst ernannt. Die gekörten und prämierten Hengste dürfen nun in der Zucht wirken, müssen zuvor aber noch einen Leistungsnachweis (Hengstleistungsprüfung) unter dem Sattel erbringen.
Mehr Infos unter: www.trakehner-verband.de

## Herbstauktion und Körung des Holsteiner Verbandes

Ende Oktober bis Anfang November findet in Neumünster die Körung und Herbstauktion des Holsteiner Verbandes statt – ein Veranstaltungsmagnet für das nationale und internationale Publikum. Die Junghengstkörung spiegelt das Niveau des gesamten Jahrgangs, der Zucht und den erreichten Zuchtfortschritt wider. Die Körkommission um Zuchtleiter Dr. Thomas Nissen prüft in einer Vorauswahl 400 bis 500 Hengste. Die Körveranstaltung läuft über drei Tage, am vierten Tag findet dann die Auktion statt. In Holstein beginnt die Körung mit der Vorstellung der Hengste auf dem festen Boden. Danach präsentieren die Züchter ihre Hengste in der Holstenhalle auf der Dreiecksbahn im Schritt und Trab. Am zweiten Körtag steht das Freispringen der Hengste auf dem Plan. Hier hat die Kommission die Aufgabe, die besten Talente zu erkennen. Nur das perfekte Verhalten vor, zwischen und über den Sprüngen führt zu der Note 10. Am dritten Körtag werden alle Hengste in Gruppen aus zehn Pferden vorgeführt und die Körkommission verkündet, welcher Hengst in Zukunft in der Zucht wirken darf und welcher Vierbeiner Siegerhengst ist.
Mehr Infos unter: www.holsteiner-verband.de

## Körung des Pferdestammbuchs Schleswig-Holstein und Hamburg

Zu Beginn eines jeden Jahres steht die Körung der Hengste des Pferdestammbuchs Schleswig-Holstein und Hamburg auf dem Programm. An drei Tagen präsentieren sich die potentiellen Vatertiere der 25 unterschiedlichen Rassengruppen, die in diesem Zuchtverband vereint sind – vom Deutschen Reitpony bis zum Schleswiger Kaltblut. Die Vielfalt der Pferde, die hier vorgestellt werden, stellen den besonderen Reiz dieser Veranstaltung dar. Die Vierbeiner werden von der Körkommission um den Verbandsvorsitzenden Hans-Heinrich Stien und Zuchtleiterin Dr. Elisabeth Jensen an der Hand, auf dem Pflaster und einige Rassen auch im Freispringen vorgeführt. Im Anschluss an die Körung sorgt ein spannendes und abwechslungsreiches Showprogramm für Begeisterung beim Publikum. Es gibt Stuntritte, Quadrillen, Gespannfahrten und niedliche Shetty-Auftritte.
Mehr Infos unter: www.pferdestammbuch-sh.de

# Die Holstenhallen Neumünster:
## Top Pferde-Events im Herzen Schleswig-Holsteins

Die Holstenhallen in Neumünster sind Schauplatz der wichtigsten Pferde-Events in Schleswig-Holstein. Zu Beginn des Jahres findet hier der traditionelle Ball der Pferdefreunde statt. Über 6000 Gäste feiern und tanzen in den wunderschön geschmückten Hallen bis in die frühen Morgenstunden. „Das ist immer wieder ein besonderes Ereignis", sagt Dirk Iwersen, Geschäftsführer der Hallenbetriebe Neumünster. „Wir freuen uns sehr, hier Pferdefreunde aus dem ganzen Norden begrüßen zu können."

Die Holstenhallen in Neumünster sind für Großveranstaltungen dieser Art bestens geeignet. Besucher gelangen von der Autobahn A7 direkt zu den Hallen und dem großen Freigelände. Im Jahr finden hier über 900 Veranstaltungen statt – vom Reitturnier bis zur Nordbau. Geschäftsführer Iwersen und sein Team sorgen für einen reibungslosen Ablauf und können darüber hinaus sehr flexibel auf die Bedürfnisse der einzelnen Veranstalter reagieren.

Für Pferdefreunde aus ganz Norddeutschland ist der 17. Februar ein weiteres wichtiges Datum. Dann finden in den Holstenhallen von Neumünster die VR Classics statt, seit über 60 Jahren immer zum gleichen Termin. Die traditionsreichste Pferdeveranstaltung lockt Top-Reiter aus der ganzen Welt in den hohen Norden. Es ist der Mix aus Dressur und Springen auf allerhöchstem Niveau, der dieses Turnier so einmalig macht. Turnierchef Paul Schockemöhle setzt sich vehement dafür ein, den Stellenwert dieser Veranstaltung auch für die Zukunft zu erhalten. „Ich denke, dass Paul Schöckemöhle genau die richtige Persönlichkeit ist, damit hier in Neumünster auch weiterhin die wichtigen Weltcup-Prüfungen in der Dressur und im Springen ausgetragen werden können", bestätigt Hallenchef Dirk Iwersen.

Schließlich finden in den Holstenhallen von Neumünster die Körungen der großen Zuchtverbände aus Schleswig-Holstein statt. Im Frühjahr startet das Pferdestammbuch Schles-

wig-Holstein und Hamburg in die Zuchtsaison. Hengste von über 20 Rassen – vom Shetland Pony bis zum Schleswiger Kaltblut – präsentieren sich der Körkommission. Im Oktober und November folgen dann die Körveranstaltungen des Trakehner und Holsteiner Verbandes.

**Hallenbetriebe Neumünster**
Geschäftsführer Dirk Iwersen
Justus-von-Liebig-Straße 2 bis 4
24537 Neumünster
Tel.: 04321-9100
Fax: 04321-910114
Mail: *info@holstenhallen.com*
Web: *www.holstenhallen.com*

# Mitten im Land zwischen den Meeren: Pferdestadt Neumünster

Neumünster hat viel zu bieten. Die kreisfreie Stadt befindet sich in der Mitte von Schleswig-Holstein und ist ein idealer Ausgangspunkt für Entdeckungsreisen im hohen Norden. Doch damit nicht genug: 2002 wurde Neumünster als „Pferdefreundliche Gemeinde" von der Deutschen Reiterlichen Vereinigung (FN) ausgezeichnet. „Das war für uns eine große Ehre", sagt Kirsten Eickhoff-Weber, Tourismusbeauftragte der Stadt Neumünster. „Diese besondere Auszeichnung führte dann zu der Idee, Neumünster als Pferdestadt zu positionieren."

In Neumünster hat der Reitsport eine lange Tradition. Bereits 1886 erbaute der Fabrikant Julius Sager eine überdachte Rennbahn und nur fünf Jahre später wurde die „Neumünster Reitbahn Gesellschaft" gegründet, die dann im Reitverein Neumünster aufging. Vom 17. bis 20. Februar 1951 fand das „1. Holsteinische Hallen-Turnier" in der Holstenhalle Neumünster statt. Den ersten Großen Preis gewann Hans-Jürgen Huck mit „Toni". Seitdem werden die VR Classics seit über 60 Jahren immer zum gleichen Termin ausgetragen.

Seit 1983 ist der Trakehner Verband in Neumünster beheimatet. Von hier aus wird die Zucht der edlen Vierbeiner bundes-, europa- und weltweit betreut. Schließlich finden die Kör- und Auktionsveranstaltungen vom Trakehner und Holsteiner Verband sowie vom Pferdestammbuch Schleswig-Holstein und Hamburg in den Holstenhallen von Neumünster statt. Weitere Highlights sind der „Ball der Pferdefreunde" und die Messe „Nordpferd", die alle zwei Jahre Tausende Besucher aus der ganzen Republik anlockt.

2004 einigte sich der „Arbeitskreis Pferdestadt Neumünster" auf ein gemeinsames Erscheinungsbild, um die Aktivitäten und Veranstaltungen in der Öffentlichkeit noch besser hervorzuheben. Alle relevanten Verbände und Institutionen wie z.B. die Tourist-Information Neumünster und die Hallenbetriebe Neumünster, kamen unter der Federführung des damaligen Oberbürgermeisters Hartmut Unterlehberg an einem „runden Tisch" zusammen. Das Ergebnis: ein gemeinsames Logo mit einem hohen Wiedererkennungswert, eine Internetseite *http://pferdestadt.de* und der Flyer „Wo Ross und Reiter sich wohlfühlen", der über die Touristeninformationen in ganz Schleswig-Holstein verteilt wird.

# Adressen

**Ponyhof Pfeiffer** 🅿 🅐
Britta und Heinz-Martin Pfeiffer
Radelsweg 1
21039 Escheburg
Tel.: 04152-6185
Fax: 04152-849680
Web: www.reitanlage-pfeiffer.de

**Hof Büchsenschinken** 🅓
Arndt Hönke
Büchsenschinken 8
21465 Reinbek
Tel.: 04104-694935
Fax: 04104-695092
Web: www.arndt-hoenke.de

**Haflingerhof Albrecht** 🅐
Burghardt und Christine Albrecht
Rawisch 4
21493 Klein Schretstaken
Tel.: 04156-577
Fax: 04156-577

**Pferdebetrieb** 🅿
Dieter Nickel
Lindenstr. 38
21493 Havehorst
Tel.: 04151-6820
Fax: 04151-6820
E-Mail: info@reitstall-nickel.de
Web: www.reitstall-nickel.de

**Reitanlage Schretstaken** 🅢
Jörg Kreutzmann
A.-Paul-Weber-Str. 26
21493 Schretstaken
Tel.: 04154-795996
E-Mail: kontakt@joergkreutzmann.de
Web: www.joergkreutzmann.de

**Reitstall Hümpel** 🅿
Torsten Hümpel
Geesthachter Straße 11
21502 Wiershop
Tel.: 04152-70810
E-Mail: info@reistall-huempel.de
Web: www.reitstall-huempel.de

**Hof Odin** 🅿
Silke und Heiko Käding
Neu Nüssau 13
21514 Büchen
Tel.: 04155-499549
E-Mail: hofodin@t-online.de
Web: www.hof-odin.de

**Islandpferdehof Kranichtal** 🅡 🅐
Sarah Kuhls
Lippenhorstweg 8
21514 Hornbek
Tel.: 04158-881163
Fax: 04158-279
E-Mail: info@kranichtal.de
Web: www.kranichtal.de

**RSL-Reitsport Lau-Brunstorf** 🅿
Kristin Lau
Waldstr. 27
21524 Brunstorf
Tel.: 0173-1659262
E-Mail: info@rsl-reitsport.com
Web: www.rsl-reitsport.com

**Reitstall Hohenhorn** 🅿
Helga und Dr. med. Peter Borck
Twiete 1
21526 Hohenborn
Tel.: 04152-837383
Fax: 04152-837384
E-Mail: reitstall-hohenhorn@t-online.de
Web: www.reitstall-hohenhorn.de

 Ausbildung  Dressur  Springen  Vielseitigkeit  Fahren 🅿 Pensionsbetrieb

**Hof Linautal** 🅿
Heinz Dahlke
Schmiedestr. 5
21527 Kollow
Tel.: 04151-3516

**Islandpferdehof Vindhólar** 🅐
Maren Junge und Einar Hermannsson
Teichwiese 2
22145 Stapelfeld
Tel.: 040-6776488
Fax: 040-6779631
E-Mail: *vindholar@aol.com*
Web: *www.vindholar.net*

**Reitstall RG** 🅿
Jürgen Klingenberg
Quickborner Str. 82
22844 Norderstedt
Tel.: 040-5263772 | 0171-4577056
Fax: 040-5226324
E-Mail: *post@reitstall-klingenberg.de*
Web: *http://reitstall-klingenberg.de*

**Reitanlage am Rantzauer Forst** 🅿
Norman Lühr
Lehmkuhlen 100
22846 Norderstedt
Tel.: 040-5227547 | 0173-2185152
E-Mail: *reitanlage.rantzauerforst@gmx.net*

**Reiterhof Syltkuhlen** 🅿
Bernd Reimers
Syltkuhlen 181
22846 Norderstedt
Tel.: 040-5227547
Fax: 040-55446615
E-Mail: *info@reiterhof-syltkuhlen.de*
Web: *www.reiterhof-syltkuhlen.de*

**Reitanlage Hof Timm** 🅿
Jens-Peter Timm
Friedrich-Ebert-Straße 110
22848 Norderstedt
Tel.: 040-5282532 | 0172-9557333
Fax: 040-52385406

**Dressurstall** 🅳
Wieger de Boer
Niendorfer Straße 26
22848 Norderstedt
Tel.: 040-52303753
Fax: 04101-204167
E-Mail: *wbd@dressur-deboer.de*
Web: *www.dressur-deboer.de*

**Hof Dirk Timm** 🅿
Dirk Timm
Spann 19
22848 Norderstedt
Tel.: 040-5231819 | 0170-6687671
Web: *www.reitstall-timm.de*

**Pferdehof Unter den Linden** 🅿
Peter Rehders
Segeberger Chaussee 333
22851 Norderstedt
Tel.: 0171-3080445

**Reitanlage Hof Nordpol** 🅿
Heiko Bade
Poppenbütteler Str. 87
22851 Norderstedt
Tel.: 0172-4522617
E-Mail: *bade@hof-nordpol.de*
Web: *www.hof-nordpol.de*

**Reitschule Ankie Butemann** 🆂
Ankie Butemann
Neue Straße 35
22851 Norderstedt
Tel.: 0171-8301977
Fax: 040-52983183
E-Mail: *info@ankie-butemann.de*
Web: *www.ankie-butemann.de*

■ Zucht  T Trakehner  H Holsteiner  🅐 andere Rassen  ■ Reiten

**Reitstall Diana** P
Peter Edgar
Segeberger Chaussee 392
22851 Norderstedt
Tel.: 040-5245456
E-Mail: *info@reitstall-diana.de*
Web: *www.reitstall-diana.de*

**Reitstall Grüner Weg** P
Eike und Gerald Harder
Grüner Weg 7
22851 Norderstedt
Tel.: 0171-2435149

**Wittmoor-Ranch** P
Peter Raabe
Wilstedter Weg 49
22851 Norderstedt
Tel.: 040-5242981
Fax: 040-42916350
E-Mail: *info@wittmoor-ranch.de*
Web: *wittmoor-ranch.de*

**Zuchtbetrieb** T
Dr. Brigitte Holst
Seggerweg 13
22869 Schenefeld
Tel.: 040-8306498

**Stall Tannenhof** P
Wolfgang Stritzke
Pinneberger Str. 234
22880 Wedel
Tel.: 04103-124493
Fax: 04103-124495
Web: *www.stall-tannenhof.de*

**Stall Pein** P D S
Andreas Pein
Barsbütteler Landstr. 5
22885 Willinghusen
Tel.: 040-71007695
Fax: 040-71007699
E-Mail: *info@stall-pein.de*
Web: *www.stall-pein.de*

**Fortys Farm** S
Dörte Korff
Tangstedter Str. 30
22889 Tangstedt
Tel.: 04109-2519671
Fax: 04109-251635
E-Mail: *fortys-farm@t-online.de*
Web: *www.fortys-farm.de*

**Lindenhof** P
Hans-Reinhard Pieper
Lindenallee 13
22889 Tangstedt
Tel.: 04109-9204 | 0171-2203377
Web: *www.pferdesport-lindenhof.de*

**Reitanlage am Brook** P
Bettina Delle
Wiemerskamperweg 135
22889 Tangstedt
Tel.: 040-64430576

**Reitstall Gut Tangstedt** P
Jürgen Pieper
Beekmoorweg 11
22889 Tangstedt
Tel.: 0171-2386711
E-Mail: *Thomas.Pieper@gut-tangstedt.info*
Web: *www.gut-tangstedt.info*

**Barghof Ahrensfelde** P
Regina und Heino Wriggers
Up`n Barg 24
22926 Ahrensburg
Tel.: 04102-7860563 | 0172-7860653
Fax: 04102-67298
E-Mail: *info@barghof-ahrensfelde.de*
Web: *www.barghof-ahrensfelde.de*

A Ausbildung  D Dressur  S Springen  V Vielseitigkeit  F Fahren  P **Pensionsbetrieb**

**Pferdepension Lutzenberger** P D
Andrea Lutzenberger
Up´n Barg 12
22926 Ahrensburg
Tel.: 04102-691177
Fax: 04102-454787
E-Mail: *info@pferdepension-lutzenberger.de*
Web: *www.pferdepension-lutzenberger.de*

**Ponyclub Ahrensfelde** S
Simone Pfennig
Teichstr. 1
22926 Ahrensburg
Tel.: 04102-6665402
E-Mail: *info@ponyclub-ahrensfelde.de*
Web: *www.ponyclub-ahrensfelde.de*

**Ponykindergarten** S
Susanne und Horst Ristau
Beimoorweg 37
22926 Ahrensburg
Tel.: 04102-42265
Fax: 04102-44718
E-Mail: *ponykindergarten@gmx.de*
Web: *www.ponykindergarten.de*

**Gestüt Forsthaus Oedendorf** T
Ute Papke
Am Waldrand 19
22929 Kasseburg OT Oedendorf
Tel.: 04104-3611 | 04154-2203
Fax: 04104-7563
Web: *www.gestuet-forsthaus-oedendorf.de*

**Pferdezucht** A
Erwin Anthes
Mühlenweg 10
22929 Kasseburg
Tel.: 04154-2169

**Pferdepension Peters** P
Gabriele Achtstätter-Peters
Allee 35
22941 Jersbek
Tel.: 0172-4215345
Web: *www.reitsportanlage-jersbek.de*

**Reit- und Ferienhof Delingsdorf** R S
Frauke Daerr
Lübecker Str. 30 a
22941 Delingsdorf
Tel.: 04532-265261 | 0171-2310352
Fax: 04532-266244
E-Mail: *reitstall.daerr@freenet.de*
Web: *www.reitstall-daerr.de*

**Aktivstall Trittau** P
Tanja Förster-Jepsen
Trittauerfeld 46
22946 Trittau
Tel.: 0171-5577840
E-Mail: *tanja.jepsen@aktivstalltrittau.de*
Web: *www.aktivstalltrittau.de*

**Pferdebetrieb** P
Benitt/Jauch
Gustav Benitt
Rausdorfer Str. 11
22946 Grande
Tel.: 04154-2653 | 0171-7555156
Fax: 04154-2650

**Bockwoldt Großensee** P
Dorle Bockwoldt
Sieker Str. 2
22946 Großensee
Tel.: 04154-795974
Web: *www.bockwoldt-grossensee.de*

**Cockmoor Welsh Cobs Hohenfelder Hof** A
Stefanie Stahmer
22946 Hohenfelde
Tel.: 04154-5708

**Reitanlage Zukowski** P
Ingrid und Bernd Zukowski
Ransdorfer Str. 4
22946 Granderheide
Tel.: 04154-3108
Web: *www.stall-zukowski.de*

**Reitstall Giese** P
Regina Hecke
Schierholzkaten 1
22946 Großensee
Tel.: 04154-6413
Fax: 04154-989277
E-Mail: *reitstallgiese@t-online.de*

**Stall Knickrehm** P
Klaus Knickrehm
Grander Weg 1
22946 Großensee
Tel.: 04154-6374
E-Mail: *stallknickrehm@gmx.de*

**Stall Trittauer Heide** P
Wolfgang Schierloh
Rausdorfer Str. 61 a
22946 Trittau
Tel.: 04154-81771

**Reitanlage Bredenbeker Teich** P
Katja Behrendt
Wulfsdorfer Weg 64 a
22949 Ammersbek
Tel.: 0172-4284394
Web: *www.rvbt.de*

**Hoppel di Hopp Kinderreitschule** S
Maya Kraft
Alte Dorfstr. 16
22952 Lütjensee
Tel.: 0172-4510482

**Reitschule Schleushörn** S
Reinhard Hilger
Strandweg 49
22952 Lütjensee
Tel.: 04154-70290
Fax: 04154-791803
E-Mail: *schleushoern@t-online.de*
Web: *www.reitschule-schleushoern.de*

**Reiterhof Witten** P
Karin Witten
Gölmerweg 1
22955 Hoisdorf
Tel.: 04107-4959

**Gestüt Grönwohldhof** A D
H. Schulte-Frohlinde
Eiskeller 2
22956 Grönwohld
Tel.: 04154-599163 oder -599166
Fax: 04154-599199
E-Mail: *info@groenwohldhof.com*
Web: *www.groenwohldhof.com*

**Reitstall Wiesner** P
Udo Wiesner
Dorfstr. 8
22959 Linau
Tel.: 04154-984506
E-Mail: *info@reitstall-wiesner.de*
Web: *www.reitstall-wiesner.de*

**Reitstall Schoer** P
Kai-Uwe Schoer
Siekerberg
22962 Siek
Tel.: 04107-9524
E-Mail: *info@RuFV-siekerberg.de*
Web: *www.rufv-siekerberg.de*

**Fahrstall Hermann Drechsler**
Hermann Drechsler
Fasanenweg 54
22964 Mollhagen
Tel.: 04534-8296 | 0174-4076778
Fax: 04534-298024
E-Mail: *kontakt@hermann-drechsler.de*
Web: *www.hermann-drechsler.de*

**Hof Roßenlager**
Jens Feldhusen
Rausdorfer Weg 20
22969 Witzhave
Tel.: 04104-4663 | 0172-4314168

**Reitstall Knaack**
Klaus Knaack
Kirchenstr. 20
22969 Witzhave
Tel.: 04104-6763
E-Mail: *webmaster@reitstall-knaack.de*
Web: *www.reitstall-knaack.de*

**Reitsportanlage Groß Steinrade**
Harald Gerstmann
Melkerstieg 1
23556 Lubeck
Tel.: 0451-491883 |
Fax: 0451-8103629
E-Mail: *karingerstmann@hotmail.com*
Web: *www.reitsport-luebeck.de*

**Reitschule Lübeck**
Susanne Brüggen
Am Rittbrook 25
23566 Lübeck
Tel.: 0451-65581
Fax: 0451-65517
E-Mail: *kontakt@luebecker-reitverein.de*
Web: *www.luebecker-reiterverein.de*

**Hof Bültwisch**
Caroline und Johannes Hug
Travemünder Landstraße 272
23570 Lübeck-Travemünde
Tel.: 0179-5082425
Fax: 04502-4200
E-Mail: *info@hof-bueltwisch.de*
Web: *www.hof-bueltwisch.de*

**Reiterhof Travemünde**
Christian Matzen
Fliegerweg 11
23570 Travemünde
Tel.: 04502-309698
Fax: 04502-309907
E-Mail: *info@ostseereiterhof.de*
Web: *www.ostseereiterhof.de*

**Höppner Hof**
Andrea und Ludwig Höppner
Ossenbrook 1
23611 Bad Schwartau
Tel.: 0451-27154
Fax: 0451-284279
E-Mail: *info@hoeppner-hof.de*
Web: *www.hoeppner-hof.de*

**Lampes Moorhof**
Detlev Lampe
Schulstr. 36
23611 Sereetz
Tel.: 0451-394706
E-Mail: *info@lampes-moorhof.de*
Web: *www.lampes-moorhof.de*

**Krumbecker Hof**
Gerhard Moser
Krumbecker Hof 1
23617 Stockelsdorf
Tel.: 04506-1520
Fax: 04506-1413
E-Mail: *moser@krumbecker-hof.de*
Web: *www.krumbecker-hof.de*

**Hof Eichhorn** A
Dr. Maja Eichhorn
Hauptstr. 33
23619 Heilshoop
Tel.: 04506-188688
E-Mail: *info@hof-eichhorn.de*
Web: *www.hof-eichhorn.de*

**Reiterhof Herrenbranden** P
Susanne und Gerd Stapelfeld
Herrenbranden 2
23619 Herrenbranden
Tel.: 04553-1226

**Travereithof** P
Nadine Graff
Poggenpohl 14
23619 Hamberge
Tel.: 0176-62437048
E-Mail: *mail@travereithof.de*
Web: *www.travereithof.de*

**Ausbildungsbetrieb Vielseitigkeit** V
Volker Dohm
Schwienkuhlen 24
23623 Ahrensbök
Tel.: 04525-1430

**Pferdebetrieb** P
Martina Niemann-Kleinert
Am Privatweg 1
23623 Ahrensbök
Tel.: 04525-3688

**Ponyhof Steindamm** S
Annette Bergmann
Steindamm 37
23623 Ahrensbök
Tel.: 04525-1648
Fax: 04525-1619

**Reitstall Otto Hamann** P
Susanne Redderberg
Hof Hohenhorst
23623 Ahrensbök
Tel.: 04525-1241
Fax: 04525-1241

**Gestüt Waterfohre** P A
Erich Morgenroth
Langenfelde 1
23628 Krummesse
Tel.: 04508-1616
Fax: 04508-1491
E-Mail: *morgenroth@kindermagnet.de*

**Reittherapie** S
Martina Stieg
Nibelungenstr. 8
23566 Lübeck
Tel.: 0451-5041343

**Gestüt Hof am See** R
Inge und Caroline von Barby
Nothweg 4
23669 Timmendorfer Strand/Hemmelsdorf
Tel.: 04503-31429 | 0162-6348748
E-Mail: *caro.barby@t-online.de*
Web: *www.gestuet-hofamsee.de*

**Reitstall Friedrichshof** R
Anneliese Ehlers
Friedrichshof 1
23683 Scharbeutz
Tel.: 04503-74460
E-Mail: *kontakt@reitstall-friedrichshof.de*
Web: *www.reitstall-friedrichshof.de*

---

Ausbildung | D Dressur | S Springen | V Vielseitigkeit | F Fahren | P Pensionsbetrieb

**CC pferdegestütztes Persönlichkeitstraining** S
Charlotte Diller
Bargkoppel 96
23684 Klingberg
Tel.: 04524-705569 | 0172-4177311
E-Mail: *charlotte@lernen-mit.cc*
Web: *www.lernen-mit.cc*

**Hof Tanneneck** R
Antje und Christoph Bendtfeld
Hof Tanneneck
23684 Schürsdorf
Tel.: 04524-8293
Web: *www.reiterhof-bendfeldt.de*

**Lewitzer Scheckenhof** A
Jutta Weger
Am Gooskamp 1
23684 Scharbeutz-Wulfsdorf
Tel.: 04524-8800
Web: *www.lewitzer-scheckenhof.de*

**Reiterpension Marlie** R D
Wolfgang Marlie
Uhlenflucht 1-5
23684 Scharbeutz-Klingberg
Tel.: 04524-8220
Fax: 04524-1254
E-Mail: *info@reiterpension-marlie.de*
Web: *www.reiterpension-marlie.de*

**Gestüt Equicon** T
Dr. Elisabeth von Gablenz
Am Dorfplatz 8
23689 Rohlsdorf
Tel.: 04504-3799
Fax: 04504-6554

**Gestüt Hof Rohlsdorfer Beek** A
Ingeborg Galow
Hof Rohlsdorfer Beek 1
23689 Rohlsdorf
Tel.: 04504-1393
E-Mail: *info@gestuet-galow.de*
Web: *www.gestuet-galow.de*

**Reitstall Hicken** P
Horst-Werner Hicken
Am Dorfplatz 12
23689 Pansdorf
Tel.: 04504-5951

**Holsteiner Kutschfahrten** R
Marie-Luise und Ernst Tamm
Braackerstr. 18
23701 Eutin
Tel.: 04521-2692
E-Mail: *kontakt@holsteiner-kutschfahrten.de*
Web: *www.holsteiner-kutschfahrten.de*

**Mühlenhof Gömnitz** R
Katrin Dahlhelm
Mühlenstr. 3
23701 Gömnitz
Tel.: 04529-998197
E-Mail: *k.dahlhelm.urlaub.reiten@t-online.de*
Web: *www.mühlenhof-gömnitz.de*

**Reitanlage und Reiterhof Fissau** P
Elfi-Jacqueline Meyer
Dorfstraße 10
23701 Eutin
Tel.: 04521-2307 | 0171-5345532
Fax: 04521-2347
E-Mail: *reiterhoffissau@t-online.de*
Web: *www.reiterhof-fissau.de*

■ Zucht  T Trakehner  H Holsteiner  A andere Rassen  ■ Reiten  R Reiterferien  S Reitschule

### Hof Fraider [A]
Carsten Fraider
Flehmer Str. 16
23714 Malente/Benz
Tel.: 0151-15245706
E-Mail: *info@hof-fraider.de*
Web: *www.hof-fraider.de*

### Gestüt Majenfelderhof [D] [S] [V] [T]
Stephanie Herken-Wendt
23715 Bosau/Majenfelde
Tel.: 04527-1094 | 0172-3546436
E-Mail: *Majenfelderhof@aol.com*
Web: *www.gestuet-majenfelderhof.de*

### Reitschule [S]
Fried Schwien
Brackrade 55
23715 Bosau
Tel.: 04527-1221

### Reitstall Moorberghof Sagau [P]
Barbara Störtenbecker
Zum Moorberg
23717 Sagau
Tel.: 04528-1515

### Reitinstitut Stankus [S]
Franz-Martin Stankus
Dorfstr. 4
23730 Altenkrempe-Sibstein
Tel.: 04564-1849 |
Fax: 04564-992972

### Reitstall Pappelhof [P] [S]
Maike Nachbarschulte
Pappelhof 15
23743 Grömitz
Tel.: 04562-7739
Fax: 04562-222930
E-Mail: *pappelhof.groemitz@t-online.de*
Web: *www.pappelhof-groemitz.de*

### Haflingerhof Litzendorf [S]
Kira Litzendorf
Am Lehmberg 3
23747 Siebenbäumen
Tel.: 04501-8651
Fax: 04536-898547

### Ostseereitschule Lütt Piergorn [R]
Heide-Maria Heidbüchel
Gruberhagen
23747 Dahme
Tel.: 04364-525
Fax: 04364-471726
E-Mail: *post@ostseereitschule.de*
Web: *www.ostseereitschule.de*

### Gestüt Katarinental [T]
Andrea und Volker von Zitzewitz
Katarinental 1
23758 Wangels
Tel.: 04154-74020 | 0172-4135599
E-Mail: *info@katarinental.de*

### Gut Friederikenhof [V] [R]
Inken Gräfin von Platen-Hallermund
23758 Wangels OT Friederikenhof
Tel.: 04382-938920
Fax: 04382-322
E-Mail: *info@inken-graefin-platen.de*
Web: *www.inken-graefin-platen.de*

### Gutsverwaltung Gaarz [P]
Karl-Eberhardt Struckmann
Gut Gaarz
23758 Göhl/Gaarz
Tel.: 04365-7244
Fax: 04365-8464

**Ferien- und Reithof Rickert** R
Nadine Witt Jan-Georg Rickert
Gahlendorf 1
23769 Fehmarn
Tel.: 04371-2294
Fax: 04371-87650
E-Mail: *info@reiterhof-rickert.de*
Web: *www.rickert-fehmarn.de*

**Ferienhof Ogriseck** R
Marion Ogriseck
Rosenstr. 14
23769 Fehmarn
Tel.: 04371-879269
E-Mail: *info@ogriseck-fehmarn.de*
Web: *www.ogriseck-fehmarn.de*

**Gestüt Rüder** R V
Petra und Kai Rüder
Blieschendorf 5
23769 Fehmarn
Tel.: 04371-3206
Fax: 04371-9368
E-Mail: *info@gestuet-rueder.de*
Web: *www.gestuetrueder.de*

**Hof Bellevue** P S
Dr. med. Peter Liffler
Hof Bellevue
23769 Fehmarn
Tel.: 04371-997099
Fax: 04371-997088
E-Mail: *Dr.Liffler-Bellevue@t-online.de*
Web: *www.hof-bellevue.de*

**Ponyhof Wallnau** R
Gunnar Mehnert
23769 Fehmarn
Tel.: 0151-14753231
E-Mail: *service@reiten-auf-fehmarn.eu*

**Strandreitschule Kraksdorf** R
Monika Christen
Strandstr. 26
23779 Neukirchen
Tel.: 04365-8401 | 0171-3435866
E-Mail: *strandreitschule@yahoo.de*
Web: *www.strandreitschule-kraksdorf.de*

**Hof Elwers** P
Kurt Elwers
Dorfstr. 49
23795 Negernbötel
Tel.: 04551-7178
Fax: 04551-960165
Web: *www.hof-elwers.de*

**Hof Rützenhagen** P
Andrea und Mareike Harm
Rützenhagen 1
23795 Negernbötel
Tel.: 04551-9930868
Fax: 04551-9930867
E-Mail: *info@hof-ruetzenhagen.de*
Web: *www.hof-ruetzenhagen.de*

**Pferdehof** P
Gerd-Wilhelm Behnk
Segeberger Str. 30
23795 Groß-Rönnau
Tel.: 04551-969217
Fax: 04551-969218

**Reiterhof Tiedemann** P
Anja Tiedemann
Schulstraße 2a
23795 Groß Rönnau
Tel.: 04551-91384
E-Mail: *anja_tiedemann@hotmail.com*
Web: *www.reiterhof-tiedemann.de*

 Zucht  Trakehner  Holsteiner  andere Rassen  Reiten  Reiterferien  Reitschule

**Reitstall Göttsche** 🅿
Egon Göttsche
Segeberger Straße 7
23795 Klein Gladebrügge
Tel.: 04551-4165
E-Mail: *volker.goettsche@reitstall-goetsche.de*
Web: *www.reitstall-goetsche.de*

**Tierheimat Schackendorf** 🅿
Christina Schilling
Heidkoppelweg 1
23795 Schackendorf
Tel.: 04551-8824867 | 0172-1824160
Fax: 04551-8824967
Web: *www.tierheimat-schackendorf.de*

**Reiterhof Tödt** 🅿
Martina Tödt
Wiesenweg 10
23812 Wahlstedt
Tel.: 04554-2461
Fax: 04554-2461
E-Mail: *reiterhof-toedt@t-online.de*
Web: *www.reiterhof-toedt.de*

**Reitanlage Wardel** 🅿
Sabrina Hoch
Wardel 2
23813 Blunk
Tel.: 04557-981800 | 0172-4122845
Fax: 04557-981801
Web: *http://reitanlage-wardel.jimdo.com*

**Dressurstall Hof Lührs** 🅳
Karin Lührs
Hauptstraße 51
23816 Neversdorf
Tel.: 04552-666
E-Mail: *hof-luehrs@t-online.de*
Web: *www.hof-luehrs.de*

**Hof Vierlinden** 🅿
Petra und Kurt Wallin
Dorfstr. 32
23820 Wulfsfelde
Tel.: 04506-188381
Fax: 04506-188386
E-Mail: *info@hofvierlinden.de*
Web: *www.hofvierlinden.de*

**Westernreiterhof Wegekaten** 🅰 🆁
Claudia Henseler
Wegekaten 1
23821 Krems
Tel.: 04559-1275
E-Mail: *info@wegekaten.de*
Web: *www.wegekaten.de*

**Winklers Hof** 🅿 🆁
Gerd Winkler
Mühlentwiete 3
23829 Kükels
Tel.: 04552-653
E-Mail: *info@winklers-hof.de*
Web: *www.winklers-hof.de*

**Reitanlage Dohrendorf** 🅿
Gerd Dohrendorf
Seefeld 41
23843 Bad Oldesloe
Tel.: 04531-804710

**Gestüt Seth** 🅰
Korinna Jodexnis
Hauptstr. 56
23845 Seth
Tel.: 04194-1496
Fax: 04194-1490
E-Mail: *knapstrupp@aol.com*
Web: *www.knabstrupper-pferde.com*

**Pferdehof Ramm**
Henning Ramm
Ringstr. 15 a
23845 Grabau
Tel.: 04537-1357
E-Mail: *info@ramm-ranch.de*
Web: *www.ramm-ranch.de*

**Zucht- und Reitbetrieb**
Manfred Hildebrandt
Dorfstr. 34 a
23845 Bühnsdorf
Tel.: 04550-722

**Funtastic Riding**
Martina Sell
Hauptsraße 3
23847 Schiphorst
Tel.: 0171-8256556
E-Mail: *MASell@aol.com*
Web: *www.martina-sell.de*

**Reitstall Birgit Wulff**
Birgit Wulf
Hauptstr. 26
23847 Schiphorst
Tel.: 04536-808685
E-Mail: *reitstallwulf@web.de*
Web: *www.reitstall-wulf.de*

**Stall Achterbrook**
Lambert Drube
Achterbrook 5
23847 Lasbek
Tel.: 04534-7499 | 0173-9303710
Fax: 04534-8719
E-Mail: *info@stall-achterbrook.de*
Web: *www.stall-achterbrook.de*

**Geländepark Marienhof**
Christine und Thorsten Scholvien
Heilsaustr. 6
23858 Heidekamp
Tel.: 04533-61530 | 0171-3143727
Fax: 04533-61641
E-Mail: *info@gelaendepark-marienhof.de*
Web: *www.gelaendepark-marienhof.de*

**Hof Hohenkamp**
Julia Kathleen Tönnesen
Hohenkamp 1
23858 Feldhorst
Tel.: 04533-207395
Fax: 04533-207396

**Gestüt Barkholz**
Ernst-Jürgen Ellerbrock
Segeberger Str. 9-13
23863 Kayhude
Tel.: 040-6071212
Fax: 040-6071282
E-Mail: *info@hof-barkholz.de*
Web: *www.hof-barkholz.de*

**Hof Hambrook**
Almut Hansen
Dorfstr. 15a
23863 Nienwohld
Tel.: 04537-1308
Web: *www.hof-hambrook.de*

**Kastanienhof Familie Birr**
Florian Birr
Wilhelmshöhe 3
23863 Bargfeld-Stegen
Tel.: 04532-24450 | 0178-9613389
Web: *www.kastanienhof-birr.de*

 Zucht  Trakehner  Holsteiner  andere Rassen  Reiten   Reiterferien  Reitschule

**Reitstall und Pferdepension** 🅿
Joachim Seismann
Rögen 6
23863 Nienwohld
Tel.: 04537-559
E-Mail: *info@seismann.de*
Web: *www.seismann.de*

**Ausbildungsstall Klüssendorf** 🅐
Christian Klüssendorf
Segeberger Straße 16
23866 Nahe
Tel.: 0171-6809921
Web: *www.ausbildungsstall-kluessendorf.de*

**Hof Schwienshagen** 🅓
Sonja und Nils Wolgast
Bargfelder Str. 30
23869 Elmenhorst
Tel.: 04532-6642
Web: *www.hof-schwienshagen.de*

**Islandpferdegestüt Heidehof** 🅐
Franka und Gerhard Dörfel
Heidehof
23883 Sterley
Tel.: 04545-7102
Fax: 04545-7111
E-Mail: *info@heidehof-sterley.de*
Web: *www.heidehof-sterley.de*

**artagena Schule Klassisch-Iberischer Reitkunst** 🅢
Monika Amelsberg
23909 Mechow
Tel.: 04541 803063
E-Mail: *info@artagena.de*
Web: *www.artagena.de*

**Gut Mechow** 🅿
Claudia Mey-Schardey
Dorfstraße 17
23909 Mechow
Tel.: 04541-803038 | 0172-7402902
Fax: 04541-803041
E-Mail: *info@gut-mechow.de*
Web: *www.gut-mechow.de*

**Hannes Pferdehof** 🅿
Johannes Günther Kahl
Am Brink 3
23911 Harmsdorf
E-Mail: *info@hannes-pferdehof.de*
Web: *www.hannes-pferdehof.de*

**Schmilauer Hof** 🅓 🅢 🅡
Axel Mittmeyer
Ratzeburger Str. 4b
23911 Schmilau
Tel.: 04541-801878 | 0174-6377071
E-Mail: *info@ausbildungsreitstall.de*
Web: *www.ausbildungsreitstall.de*

**Dualaktivierung** 🅢
Martina Schreuder
Dorfstr. 49
24107 Ottendorf
Tel.: | 0174-3311066
E-Mail: *Martina.Schreuder@gmx.de*

**Reitstall Rossgarten** 🅿
Wolfgang Raabe
Melsdorfer Straße 109
24109 Kiel
Tel.: 0175-2476177

**Hof Villa-Wittschap** 🅿
Christmut und Friedhelm Anders
Rendsburger Landstr. 510
24111 Kiel
Tel.: 0431-2392369
Fax: 0431-2392372
E-Mail: *info@wittschap.de*
Web: *www.wittschap.de*

**Pferdesportzentrum Kiel** P S
Wibke und Armin Kins
Olshausenstraße 65
24118 Kiel
Tel.: 0177-8737355
Web: *www.pferdesportzentrum-kiel.de*

**Gestüt Dreikronen** P D T
Nils Bezold
Fördestr. 3
24159 Kiel
Tel.: 0431-3209558
Fax: 0431-3209557
E-Mail: *gestuetdreikronen@t-online.de*
Web: *www.gestuetdreikronen.de*

**Hof Dreilinden** A S
Peter Schirmacher
Uhlenhorster Weg 49
24159 Kiel
Tel.: 0172-8930369
E-Mail: *Hof.Dreilinden@t-online.de*

**Gut Knoop** P
Stefan Hirschfeld
Gut Knoop
24161 Altenholz
Tel.: 0431-3649648
Fax: 0431-2601081
E-Mail: *stefan-hirschfeld@t-online.de*

**Reitanlage Gut Projensdorf** P
Almut Klemp
Gut Projensdorf
24161 Altenholz
Tel.: 0431-3898484 | 0178-6480544
Fax: 0431-3898485
E-Mail: *almuth.klemp@t-online.de*
Web: *www.gut-projensdorf.de*

**Bahn Wakendorf** P
Uwe Bahn
Dorfstr. 9
24211 Preetz-Wakendorf
Tel.: 04342-81198
Fax: 04342-309852
E-Mail: *uwe@bahn-wakendorf.de*
Web: *www.bahn-wakendorf.de*

**Gallowayhof Breiteneiche** P
Götz von Donner
Breiteneiche 2
24211 Wielen
Tel.: 04342-86039 | 0172-4539091
E-Mail: *info@galloway-breiteneiche.de*
Web: *www.galloway-breiteneiche.de*

**Hof Hottbarg** S
Catrin Sporleder
Preetzer Str. 12A
24211 Kührsdorf
Tel.: 04526-339039
E-Mail: *hottbarg@web.de*
Web: *www.hofhottbarg.de*

**Pferdepension Dinghorst** P
Birte Wulf
Dinghorst 2
24211 Honigsee
Tel.: 0172-9973194
Fax: 04302-964934
E-Mail: *info@pferde-in-kiel.de*
Web: *www.pferde-in-kiel.de*

**Reiterhof Gläserkoppel** P R
Susanne Först
Gläserkoppel 2
24211 Preetz
Tel.: 04342-81030
Fax: 04342-889261
E-Mail: *fam.foerst@glaeserkoppel.de*
Web: *www.glaeserkoppel.de*

 Zucht  Trakehner  Holsteiner  andere Rassen  Reiten  Reiterferien S Reitschule

**Reitstall Gut Bredeneek** 🅿
Christa & Eckhard von Paepcke
Hof Bredeneek 1
24211 Lehmkuhlen
Tel.: 04342-81017 | 0171-6429152
Web: *www.hof-bredeneek.de*

**Pferd und Mensch ein Team** 🆂
Wiebke Behrens
Henneroder Weg 2
24214 Lindau
Tel.: 04346-8136
Fax: 04346-8136
E-Mail: *Pferdundmensch@t-online.de*
Web: *www.pferd-und-mensch-ein-team.de*

**Ponygestüt Holstein** 🅰
Rolf Bumann
Süderstr. 33
24214 Gettorf
Tel.: 04346-41600
Fax: 04346-416060
E-Mail: *info@ponygestuet-holstein.de*
Web: *www.ponygestuet-holstein.de*

**Stutenhof Waterdiek** 🅿 🆂
Judith Moormann
Waterdieker Weg 7
24214 Waterdiek
Tel.: 04346-9986
Web: *www.stutenhof-waterdiek.de*

**Abenteuer Wanderreiten** 🅿 🆂
Wiebke Nahrgang
Wiesenweg 3
24217 Schönberger Strand
Tel.: 04344-412342
E-Mail: *Abenteuer.Wanderreiten@t-online.de*
Web: *www.abenteuer-wanderreiten.de*

**Ponystall Lamp** 🅿
Simone Lamp
Strandstr. 210
24217 Neu-Schönberg
Tel.: 04344-3199

**Pony-Ranch Lärchenwald** 🆁 🅷 🅰
Peter Böge
Steendiek 2
24220 Schönhorst
Tel.: 04347-3382
Fax: 04347-709759
E-Mail: *ponyranch@t-online.de*
Web: *www.ponyranch-laerchenwald.de*

**Reitstall Reimer** 🅿 🅳 🆂 🅷
Inke und Volker Reimer
Bisseer Weg 24
24220 Schönhorst
Tel.: 04347-709219 | 0176-21807972
Fax: 04347-703181
E-Mail: *info@guter-reitstall.de*
Web: *www.guter-reitstall.de*

**Stall Weinberg** 🅿
Kerstin und Uwe Kowalewski
Klosterweg 3
24223 Raisdorf
Tel.: 04307-7844
E-Mail: *UK.Kowalewski@kielnet.de*
Web: *http://stallweinberg.de*

**Reitstall Hof Buerbarg** 🅿
Hans-Fr. Steffen
Silberturmer Weg
24226 Heikendorf
Tel.: 0431-241959

**Reitanlage Schwedeneck** 🅿 🆂
Susann Müller-Timm und Jürgen Müller
Kieler Straße 21
24229 Schwedeneck
Tel.: 04308-182846 | 0175-2066369
E-Mail: *info@reitanlage-schwedeneck.de*
Web: *www.reitanlage-schwedeneck.de*

---

🅰 Ausbildung   🅳 Dressur   🆂 Springen   🆅 Vielseitigkeit   🅵 Fahren   🅿 Pensionsbetrieb

**Reitschule** S
Ilka und Kristin Schlüter
Rosenweg 12
24229 Dänischenhagen
Tel.: 04349-1098 | 0179-1485137
E-Mail: *info@horseman-online.de*
Web: *www.horseman-online.eu*

**Reitschule Rodde** P S
Ulrich Rodde
Stohler Landstr. 31
24229 Strande
Tel.: | 0171-7004640
E-Mail: *reitstallrodde@yahoo.de*
Web: *www.reitstall-rodde.de*

**Reitstall Fischbeck** P
Andrea und Karsten Fischbeck
Alte Schulstr. 25
24232 Flüggendorf
Tel.: 04348-7249
E-Mail: *service@reitstall-fischbeck.de*
Web: *www.reitstall-fischbeck.de*

**Wolfsberg Western Horses** A
Christine Petersen
Flüggendorfer Straße 2
24232 Schönkirchen
Tel.: 04348-912703 | 0174-1392421
Fax: 04348-912705
E-Mail: *petersen@wolfsberg-western-horses.de*
Web: *www.wolfsberg-western-horses.de*

**Trakehner-Hof** T
Dietmar Otto
Dorfstr. 27
24232 Dobersdorf
Tel.: 04303-884

**Ponyhof Riessen** R
Christiane und Kalle Riessen
Grabenseer Weg 1
24238 Wittenberger Passau
Tel.: 04384-852
Fax: 04384-599514
E-Mail: *kontakt@ponyhof-riessen.de*
Web: *www.ponyhof-riessen.de*

**Reitanlage Haferklinten** P
Jutta Seydell
Haferklinten
24238 Martensrade
Tel.: 04384-1236
Fax: 04384-1771
Web: *www.reitanlage-haferklinten.de*

**Reitanlage Maikendiek** P
Catrin Sporleder
Ellhornsberg 2
24238 Ellhornsberg
Tel.: 04384-593143

**Reiterpark Max Habel Süseler Baum** V
Hans-Peter Scheunemann (Verein)
Alter Schulweg 9
24238 Sellin

**Wehdenhof** T
Bettina Bieschewski
Wehdenhof
24238 Selent
Tel.: 04384-1567
Fax: 04384-1520
E-Mail: *bieschewski-wehdenhof@t-online.de*
Web: *www.wehdenhof.de*

**Gestüt Heidberg** P
Hans-Wilhelm Wendell
Gestüt Heidberg
24241 Schierensee
Tel.: 04347-4927
E-Mail: *a_wendell@gmx.de*
Web: *www.gestuet-heidberg.de*

**Holsteiner Zucht- und
Pensionsstall Neu Nordsee** 🅿 🅷
Philipp Behr
Neu Nordsee 3
24242 Felde
Tel.: 0151-54804428
E-Mail: *neunordsee@web.de*
Web: *www.behr-neunordsee.de*

**Pferdebetrieb Dr. Jensen** 🅿
Elisabeth und Georg Jensen
Klein Nordsee 7
24242 Felde
Tel.: 04340-1310

**Reitstall** 🅿
Friedrich Fröhberg
Dorfstr. 129
24242 Felde
Tel.: 04340-8375

**Ponyhof Tonnenberg** 🅿 🆂
Ronald Blötz
Tonnenberg
24244 Felm
Tel.: 04346-412416

**Reitanlage Mumm** 🅿
Steffan Mumm
Kieler Weg 39
24244 Felmerholz
Tel.: 04346-6664
Fax: 04346-6664
E-Mail: *SteffanMumm@t-online.de*
Web: *www.reitanlage-mumm.de*

**Schule für anspruchvolles Freizeitreiten** 🆂
Ina Krüger-Oesert
Raadener Weg 2a
24245 Großbarkau
Tel.: 04302-9349
E-Mail: *info@ina-krueger-oesert.de*
Web: *www.ina-krueger-oesert.de*

**Gestüt Beuck** 🅷
Waldemar Beuck
Lang`t Dörp 19
24247 Hohenhude
Tel.: 04340-8112
Fax: 04340-1669
E-Mail: *beuck@t-online.de*
Web: *www.gestuet-beuck.de*

**Pferdehof Dosenbek** 🅿
Sabine Leistikow
Dosenbek 4
24250 Bothkamp
Tel.: 04302-964339 | 0151-15279389
E-Mail: *dosenbek@t-online.de*
Web: *www.dosenbek.de*

**Pferdehof Voß** 🅿
Stefan Voß
Dorfstr. 19
24250 Nettelsee
Tel.: 0179-9087737
Web: *www.pferdehof-voss.de*

**Reitanlage unter den Eichen** 🅿
Helga und Harald Grabbe
Hochfelder Weg 1
24250 Warnau
Tel.: 04302-964420
Web: *www.reitanlageunterdeneichen.de*

**Hof am Wiesengrund** 🅿
Gundula Söth-Quast
Am Bokholt 9
24251 Osdorf-Borghorsterhütten
Tel.: 04346-3668090
Fax: 04346-3668091
E-Mail: *soeth-quast@t-online.de*
Web: *www.hof-am-wiesengrund.de*

🅰 Ausbildung  🅳 Dressur  🆂 Springen  🆅 Vielseitigkeit   Fahren   **Pensionsbetrieb**

**Hof Kruse** 🟨P 🟩S
Peter Kruse
Kathrin Kohrt
Gildeweg 37
24251 Osdorf
Tel.: 04346-413434 | 0179-1587091
E-Mail: *info@reiterhof-kruse.de*
Web: *www.reiterhof-kruse.de*

**Steuber Pferdezucht** 🟦H
Doris und Ulrich Steuber
Heisch 6
24251 Osdorf
Tel.: 04346-366800
Fax: 04346-3668020
E-Mail: *info@ulrich-steuber.de*
Web: *www.ulrich-steuber.de*

**Ferien Ponyhof Sye** 🟥R
Hartmut und Klaus-Peter Sye
Dorfstr. 1–3
24253 Prasdorf
Tel.: 04344-9107
Fax: 04344-9135
Web: *www.ferienhof-sye.de*

**Reitanlage Bockberg** 🟨P
Rose-Viola Berg
Haus Nr. 8
24256 Sophienhof
Tel.: 04344-3459

**Hof Krumbreiten** 🟥R
Christa Dohrmann
Krumbreiten
24257 Schwartbuck
Tel.: 04385-1299
Fax: 04385-593953
E-Mail: *krumbreiten@aol.com*

**Reitstall Fohlenhof Lübker** 🟥R
Birgit Lübker
Dorfstr. 35
24257 Hohenfelde
Tel.: 04385-549035
Fax: 04385-599733
E-Mail: *info@fohlenhof-luebker.de*
Web: *www.fohlenhof-luebker.de*

**Shayga-Araber Gestüt Mühlen** 🟦A
Carin Weiß
Mühlen 58
24257 Köhn
Tel.: 04385-599971 | 0172-4083311
Fax: 04385-599970
E-Mail: *weiss@shagyas.de*
Web: *www.shagya-muehlen.de*

**Reitanlage Westensee** 🟨P 🟧D 🟩S
Tamara Kläschen
Am See 34
24259 Westensee
Tel.: | 0171-5224961
E-Mail: *tamara-dehner@reitanlage-westensee.de*
Web: *www.reitanlage-westensee.de*

**Gut Wittmold** 🟥R
Amelie von Bülow-Sartory
Am Lütten Diek 2
24306 Wittmoldt
Tel.: 04522-1263
Fax: 04522-508371
E-Mail: *info@gut-wittmoldt.de*
Web: *www.gut-wittmoldt.de*

**Hebeukenhof** 🟨P
Angelika Kämmerer
Kleveezer Str. 8
24306 Oberkleveez
Tel.: 04522-9401

■ Zucht  ▪ Trakehner  ▪ Holsteiner  ▪ andere Rassen  ■ Reiten  ▪ Reiterferien  ▪ Reitschule

**Berittenes Bogenschießen c/o Galloway Ranch** S
Norbert Spieß
Am Buchholz 8
24321 Giekau
Tel.: 04523-1667

**Dualaktivierung** S
Katja Schümann-Osbahr
Rabanser Weg 1a
24321 Behrensdorf
Tel.: 04381-5651 | 0177-2203739
E-Mail: *katja@dualtrainer.de*

**Gestüt Panker** T
Heinrich von der Decken
24321 Panker
Tel.: 04381-418999
Fax: 04381-5260
E-Mail: *info@gestuet-panker.de*
Web: *www.gestuet-panker.de*

**Reiten und Therapie** S
Janina und Felicitas Brüggemann
Hessensteiner Weg 11
24321 Tröndel
Tel.: 04381-1088
Fax: 04381-409161
E-Mail: *reiten-und-therapie@web.de*
Web: *www.reiten-und-therapie.de*

**Zucht- und Reitstall Steen** P A
Gabriele Steen
Am Teich 1
24321 Fresendorf
Tel.: 04381-6506
E-Mail: *kontakt@zucht-und-reistall-steen.de*
Web: *www.zucht-und-reitstall-steen.de*

**Gestüt Nehmten** A
Christian-Uwe Störtenbecker
Gutshof 1
24326 Nehmten

**Hof Eichendiek** P
Stephanie Beling
Alte Dorfstraße 19
24327 Blekendorf
Tel.: 0172-9902311
E-Mail: *steffi.beling@t-online.de*
Web: *www.hof-eichendiek.de*

**Lehr- und Versuchszentrum Futterkamp** D S V F
Jürgen Lamp
24327 Blekendorf
Tel.: 04381-900958
Fax: 04381-90098
E-Mail: *jlamp@lksh.de*
Web: *www.lwksh.de*

**Gestüt Hohenschmark** T
Dipl. Argrar Ing. Frank Bangert
Schmark 1
24329 Grebin
Tel.: 04383-518544 | 0174-3753290
Fax: 04383-518545
E-Mail: *info@gestuet-hohenschmark.de*
Web: *www.gestuet-hohenschmark.de*

**Islandpferdegestüt Barghof** A
Birgit und Matthias Paustian
Karlshöhe 1
24329 Görnitz/Plön
Tel.: 04383-1272
E-Mail: *barghof1@freenet.de*
Web: *www.barghof.de*

**Turnier- und Ausbildungsstall Hof Schluensee** D
Oliver Polster
Behler Weg 48
24329 Grebin
Tel.: 04383-518181 | 0173-3003817
Fax: 04383-518469
E-Mail: *info@oliver-polster.de*
Web: *www.oliver-polster.de*

**Ferienpark Goosefeld** R
Knut Gebhard
Dorfstr. 43
24340 Goosefeld
Tel.: 04351-42420
Fax: 04351-46110
Web: *www.ferienpark-goosefeld.de*

**Gut Altenhof** S
Charlott Astrup
Gut Altenhof
24340 Eckernförde
Tel.: 04351-666222
E-Mail: *charlott.astrup@gmx.de*
Web: *www.gutaltenhof.de*

**Gut Grabenau Alassil Arabians** A
Bettina von Kamecke
Lange Linie 12
24340 Friedensthal b. Eckernförde
Tel.: 04351-44241 |
Fax: 04351-45262
E-Mail: *info@alassilarabians.com*
Web: *www.gut-grabau.de*

**Stall Rossee** P
Jenny Gonell
Rosseer Weg 47
24340 Eckernförde
Tel.: 04351-83364
E-Mail: *info@stall-rossee.de*
Web: *www.stall-rossee.de*

**Reiterhof Tramm** R
Maren und Peter Tramm
Dorotheenthal
24351 Damp/Ostsee
Tel.: 04352-5103
Fax: 04352-5603
E-Mail: *verwaltung@reiten-damp.de*
Web: *www.reiterhof-tramm.de*

**Dahlmann's Wik/Hof Dahlmann** R
Claudia und Heidi Dahlmann
Keesredder 1
24354 Kosel
Tel.: 04354-1038
Fax: 04354-8608
E-Mail: *mail@dahlmanns-wik.de*
Web: *www.dahlmanns-wik.de*

**Gut Büchenau** P
Nadine Mahn
Gut Büchenau 1
24354 Rieseby
E-Mail: *nadine@gut-buechenau.de*
Web: *www.gut-buechenau.de*

**Reiterhof Thoms** P
Nicola Thoms
Christian-Kock-Weg 2
24354 Bohnert/Kosel
Tel.: 04355-393

**Hof Eckhorst** P R A
Susanne Behn
Hof Eckhorst
24357 Güby
Tel.: 04354-986420 | 0172-4075630
Fax: 04354-986419
E-Mail: *info@hofeckhorst.de*
Web: *www.hof-eckhorst.de*

**Hof Esprehm** P
Tanja Fechner
Kreisstr. 9
24357 Güby
Tel.: 0162-2053795
E-Mail: *fechnertanja@aol.com*
Web: *www.hofesprehm.de*

Zucht  T Trakehner  H Holsteiner  A andere Rassen  Reiten  R Reiterferien  S Reitschule

**Fahrstall Gosch** F
Sabine Gosch
Brandenhorst 1
24361 Groß Wittensee
Tel.: 04356-647
Fax: 04356-9864000

**Hof Eckerkoppel** P
Brigitta Deutschmann
Eckerkoppel
24361 Damendorf
Tel.: 04353-1093

**Hof Kirchhorst** R S
Hans-Jürgen Naeve
Dorfstr. 23
24361 Groß Wittensee
Tel.: 04356-99750
Fax: 04356-1413
E-Mail: *hof-kirchhorst@t-online.de*
Web: *www.hof-kirchhorst.de*

**Ponyhof Naeve** R S
Birgitt Wischatta
Dorfstr. 23
24361 Groß Wittensee
Tel.: 04356-862
Fax: 04356-1506
E-Mail: *info@ponyhof-wittensee.de*
Web: *www.ponyhof-wittensee.de*

**Reiterhof Koll** P H
Klaus Koll
Dorfstr. 21
24361 Holzbunge
Tel.: 04356-216
Fax: 04356-1658
E-Mail: *reiterhofkoll@aol.com*
Web: *www.reiterhofkoll.de*

**Reiterhof Schramm** P
Richard Schramm
Rosahler Weg 82
24366 Loose
Tel.: 04358-1065
Fax: 04358-1065
E-Mail: *reiterhof-schramm@web.de*
Web: *www.reiterhof-schramm.com*

**Islandpferdegestüt Osterbyholz** R A
Iris Petrikat
Sva-Jo-Weg
24367 Osterbyholz
Tel.: 04351-41734
Fax: 04351-45432
E-Mail: *osterbyholz@t-online.de*
Web: *www.islandpferdegestuet-osterbyholz.de*

**Pferdebetrieb Heike Schielke** P
Heike Schielke
Op de Barg 10
24367 Osterby
Tel.: 04351-739530
Fax: 05351-739532

**Gut Ludwigsburg** P R H T A
Kurt-Jürgen Carl
24369 Waabs
Tel.: 04358-98818 | 0177-7471417
Fax: 04358-98820
E-Mail: *carl@gut-ludwigsburg.de*
Web: *www.gut-ludwigsburg.de*

**Reiterhof Seeberg** P
Nils Juhl
Seeberg 1
24369 Langholz
Tel.: 04352-2540
Fax: 04352-912855
E-Mail: *info@reiterhof-seeberg.de*
Web: *www.reiterhof-seeberg.de*

**Zuchtbetrieb** H
Birgit Hansen
Flarup 15
24392 Saustrup
Tel.: 04641-8361
Web: *www.reitpferdesport.de*

**Gestüt an der Schlei** H
Ulrike Schwarz-Nissen
Wiesengrund 3
24392 Dollrottfeld
Tel.: 04641-93162
Fax: 04641-989570
E-Mail: *schwarz-nissen@t-online.de*
Web: *www.gestuet-an-der-schlei.de*

**Akeby´s Dressurpferde Hein** D
Susanne Hein
Akeby 8
24392 Boren
Tel.: 04641-462779 | 0172-7731342
Fax: 04641-988337
E-Mail: *info@akebys-dressurpferde.de*
Web: *www.akebys-dressurpferde.de*

**Fohlenhof Stahr** H
Christiane Stahr
Westenstr. 61
24392 Süderbrarup
Tel.: 04641-1002 | 0172-9868219
Fax: 04641-988855
E-Mail: *stahr-holsteiner@t-online.de*
Web: *www.fohlenhof-stahr.de*

**Ferienhof Thomsen** R
Hans-Nicolaus Thomsen
Stenderup 7
24395 Gelting
Tel.: 04643-2263
Fax: 04643-2207
E-Mail: *info@ferienspass-ostsee.de*
Web: *http://stenderup.ferienspass-ostsee.de*

**Holsteiner Pferde Marquardsen** H
Bernd und Uwe Marquardsen
Dorfstraße 19
24395 Rabenholz
Tel.: 04643-2373
E-Mail: *info@holsteinerpferde.de*
Web: *www.holsteinerpferde-marquardsen.de*

**Hof Norwegen Markus Waterhues** D R
Markus Waterhues
Hof Norwegen
24405 Mohrkirch
Tel.: 04646-897 | 0171-325248
Fax: 04646-990381
E-Mail: *mw.waterhues@t-online.de*
Web: *www.waterhues-dressur.de*

**Lusitanozucht Mohrkirch** A
Annette Räpple
Mühlenstraße 23
24405 Mohrkirch
Tel.: 04646-990313 | 0151-0617005
Web: *www.lusitano-zucht.de*

**Ponyhof Mariental** R S
Marty Clausen
Morgensternerstr. 4
24407 Rabenkirchen
Tel.: 04642-2937
Fax: 04642-922404
E-Mail: *info@reiterhof-mariental.de*
Web: *www.reiterhof-mariental.de*

**Gestüt Tasdorf** D T A
Petra Wilm
Busdorfer Weg 17
24536 Tasdorf
Tel.: 04321-30040
Fax: 04321-300411
E-Mail: *gestuet@gestuet-tasdorf.de*
Web: *www.gestuet-tasdorf.de*

**Reitgemeinschaft Hof Lohmeier** 🅿 🆂
Bettina und Jens-Peter Lohmeier
Tasdorfer Weg 23
24536 Neumünster
Tel.: 04321-38769
E-Mail: *jplohmeier@versanet.de*
Web: *www.hof-lohmeier.de*

**Reitstall Leineweber** 🆂
Ilka und Rainer Leineweber
Am Moor 79
24536 Neumünster-Einfeld
Tel.: 04321-959600
Fax: 04321-959602
E-Mail: *Reitschule-Leineweber@gmx.net*
Web: *www.reitschule-leineweber.de*

**Stall Sievers** 🆂 🄷
Harm Sievers
Busdorferweg 2
24536 Tasdorf
Tel.: 04321-31764
Fax: 04321-39821
E-Mail: *info@stall-sievers.de*
Web: *www.stall-sievers.de*

**Fahrausbildung** 🅵
Erich Tesch
Meldorfer Str. 26
24537 Neumünster

**Hof Friedrichsruh** 🅿
Peter Walser
Rendsburger Str. 205
24537 Neumünster
Tel.: 04321-54238

**Gestüt Hafling** 🄰
Dieter Schmidt
Beckersbergring 11
24558 Henstedt-Ulzburg
Tel.: 04193-2214

**Hof Reiherstieg** 🅿
Angela und Thomas Geist
Reiherstieg 1
24558 Henstedt-Ulzburg
Tel.: 04193-4219
E-Mail: *angela-geist@web.de*
Web: *www.hof-reiherstieg.de*

**Hof Wischbeek** 🅿 🆂
Thea und Kurt Lentfer
Krummacker 14
24558 Henstedt-Ulzburg
Tel.: 04193-92872
Fax: 04193-965828
E-Mail: *info@hof-wischbeek.de*
Web: *www.hofwischbeek.de*

**Reitanlage Op´n Diek** 🅿
Petra und Thomas Wiese
Breslauer Str. 71
24558 Henstedt-Ulzburg
Tel.: 04193-1078

**Reitstall Petersen** 🅿
Hauke Petersen
Buschkoppel 2
24558 Henstedt-Ulzburg
Tel.: 04193-3735 | 0162-9007066
E-Mail: *info@reitstall-petersen.de*
Web: *www.reitstall-petersen.de*

**Die Ponyschule** 🅿 🆂
Christa und Hans-Joachim Schulz
Stellbrookmoor
24576 Bimöhlen/Weide
Tel.: 04195-812
Fax: 04195-812
E-Mail: *info@die-ponyschule-schulz.de*
Web: *www.die-ponyschule-schulz.de*

 Ausbildung  Dressur 🆂 Springen  Vielseitigkeit  Fahren  Pensionsbetrieb

### Gestüt Vierthohen 🅿 🆁 🅰
Frauke Peters
Krücken 5
24576 Weddelbrook
Tel.: 04192-85952 | 0172-4074419
Fax: 04192-899415
E-Mail: info@vierthohen.de
Web: www.pferdehof-vierthohen.de

### Pferdebetrieb 🅿
Klaus Gurreck
Lutzhorner Str. 4
24576 Mönkloh
Tel.: 04192-89400

### Reiterhof Klose 🅿
Astrid Klose
Glückstädterstr. 49
24576 Weddelbrook
Tel.: 04192-3659 | 0172-4015210
Fax: 04192-3659
Web: www.weddelbrook.de

### ZG Block 🅷
Ingeborg und Torben Block
Glückstädter Straße 14
24576 Neddelbrook
Tel.: 04192-9518
Fax: 04192-889475
E-Mail: info@holsteiner-springpferde-block.de
Web: www.zg-block.de

### Zuchtbetrieb 🅿 🅷
Volker Göttsche-Götze
Haupstr. 59
24582 Groß Buchwald
Tel.: 04322-751610
E-Mail: goettsche-goetze@t-online.de
Web: www.pferdehof-goettsche-goetze.de

### Horsetrail 🆂
Petra Dau
Na de Hoss 10
24594 Mörel
Tel.: 04871-490533 | 0170-9492067
E-Mail: info@horsetrail.de
Web: www.horsetrail.de

### Hof Hohenklint 🅿
Scarlett Ahsbahs
Hartenholmer Damm 52
24598 Heidmühlen
Tel.: 03420-581816

### Ponyhof Heidkate 🆁 🆂
Silke Krüger
Heidkatenweg 43
24613 Aukrug
Tel.: 04873-97232 | 0171-6375462
Fax: 04873-97147
E-Mail: ponyhof-heidkate@t-online.de
Web: www.ponyhof-heidkate.de

### Reitstall Müller 🅿 🆂
Silke und Gerhard Müller
Viertshohe 3
24613 Aukrug
Tel.: 04873-756 | 0171-6218116
E-Mail: reitstall-mueller@gmx.de
Web: www.reitstall-mueller-aukrug.de

### Traberhof Rathjen 🆁 🅵
Henning Rathjen
Wiesenstraße 11
24613 Aukrug
Tel.: 04873-381
Fax: 04873-9181
E-Mail: info@traberhof-rathjen.de
Web: www.traberhof-rathjen.de

---

■ Zucht  🆃 Trakehner  🅷 Holsteiner  🅰 andere Rassen  ■ Reiten  🆁 Reiterferien  🆂 Reitschule

### Ausbildungsstall S

Karsten Huck
Redder 9
24616 Borstel
Tel.: 04324-8383 | 0172-4586001
Fax: 04324-4586001
E-Mail: *Karsten.Huck@karstenhuck.de*
Web: *www.karstenhuck.de*

### Pferdehof Loop P

Anne und Joachim Loop
Bönebütteler Damm 164
24620 Bönebüttel
Tel.: 04321-29399
Fax: 04321-200750
E-Mail: *info@reiterhof-loop.de*
Web: *http://reiterhof-loop.de*

### Reitstall Bustorff P

Marion Bustorff
Hornsredder 4
24620 Bönebüttel
Tel.: 04321-74764

### Greymares Highlandponys A

Nicole Dittelbach
Höpen 9
24623 Großenaspe
Tel.: 04327-705
E-Mail: *highlandpony@t-online.de*
Web: *www.highlandponys.de*

### Peerstall P S

Anne Trojahn
Sellhornshof 6
24623 Großenaspe
Tel.: 04327-141669 | 0174-3470334
E-Mail: *info@peerstall-grossenaspe.de*
Web: *www.peerstall.com*

### Feldenkrais-Methode S

Ute Hoops
Kleinharrierstraße 17
24625 Großharrie
Tel.: 04394-1006
Fax: 04394-1007
E-Mail: *info@feldenkrais-ute-hoops.de*
Web: *www.feldenkrais-ute-hoops.de*

### Gestüt Pohlsee H

Günter Böning
24631 Langwedel
Tel.: 04329-487
Fax: 04329-644
E-Mail: *info@gestuet-pohlsee.de*
Web: *www.gestuet-pohlsee.de*

### Reitstall Dirk Schröder P S

Dirk Schröder
Eichengrund 1
24632 Lentföhrden
Tel.: 04192-879910
E-Mail: *info@reitstall-schroeder.de*
Web: *www.reitstall-schroeder.de*

### Pony-Park Padenstedt R A

Wolfgang Kreikenbohm
24634 Padenstedt
Tel.: 04321-81300
Fax: 04321-84758
E-Mail: *info@pony-park.de*
Web: *www.pony-park.de*

### Gut Pettluis P

Andrea und Christian Wätjen
Gut Pettluis 8
24635 Daldorf
Tel.: 04557-793
Fax: 04557-794
E-Mail: *pettluis@web.de*
Web: *www.pettluis.de*

### Hof Hellmold 🅿 🆂
Birgit Bornhöft
Fehrenbötler Dorfstraße 4
24635 Rickling
Tel.: 0172-9042434
Web: *www.hof-hellmold.de*

### Sport Horse Sale 🄷 🄰
Erwin Hesse
Heischhof
24635 Rickling-Schönmoor
Tel.: 04328-170502
Fax: 04328-170503
E-Mail: *hesse@horsetrucks.de*
Web: *www.sporthorsesales.com*

### Gestüt Elisenroh 🄷 🄰
Thomas Haase
Bollweg 11
24640 Schmalfeld
Tel.: 04191-958893
E-Mail: *info@criticalcare.de*
Web: *www.gestuet-elisenruh.de*

### Helga Hommel Training & Showing 🄰
Helga Hommel
Dorfstr. 17
24641 Hüttblek
Tel.: 04194-987468 | 0160-95692458
E-Mail: *helga.hommel@gmx.de*
Web: *www.helga-hommel.de*

### Pferde Fahren Harm 🄵
Manfred Harm
Bollweg 1
24641 Stuvenborn
Tel.: 04194-997130
E-Mail: *corinna@pferde-fahren-harm.de*
Web: *www.pferde-fahren-harm.de*

### Stall Hartloh 🅿
Susanne Mohr
Hartloh 3
24643 Struvenhütten
Tel.: 04194-543
Fax: 04194-7864

### Reit- und Ponyhof Fam. Reese 🅿 🆂
Gunda und Kai Reese
Looper-Holz 1
24644 Loop
Tel.: 04322-4878 | 0177-6120679
E-Mail: *info@looper-holz.de*
Web: *www.looper-holz.de*

### Islandpferdezentrum Störtal 🄰
Daniel C. Schulz
Heischredder 3
24647 Ehndorf
Tel.: 04321-699153
Web: *www.stoertal-ehndorf.de*

### Zum Krusenhof 🅿
Sabine und Fritz Schweininger
Krusenhofer Weg 109
24647 Wasbek
Tel.: 04321-9524868
E-Mail: *fs-schweininger@t-online.de*
Web: *www.zum-krusenhof.de*

### Pferde- und Freizeithof Offen 🆁
Gudrun Offen
Dorfstr. 36
24649 Wiemersdorf
Tel.: 04192-897390
Fax: 04192-897432
E-Mail: *info@freizeithof-offen.de*
Web: *www.freizeithof-offen.de*

■ Zucht  🅃 Trakehner  🄷 Holsteiner  🄰 andere Rassen  ■ Reiten  🆁 Reiterferien  🆂 Reitschule

### FNL-Marienhof 🅿
Hans Strichau
Kronwerker Moor
24768 Rendsburg
Tel.: 04331-46780
Fax: 04331-67860
Web: *www.fnl-marienhof.de*

### Reitanlage Linnhof 🅿
Inge und Franz Denker
Linnhof
24783 Osterrönfeld
Tel.: 04331-80233
Fax: 04331-80233
E-Mail: *linnhof-denker@foni-net*
Web: *www.reitanlage-linnhof.de*

### Freiberger Pferde Nord 🅰
Michaela und Lars Dieckmann
Kanonierstr. 13
24784 Westerrönfeld
Tel.: 04331-3399218 | 0162-1382882
E-Mail: *freiberger-pferde-nord@web.de*
Web: *www.freiberger-pferde-nord.de*

### Augustenhof 🆁
Stefan Prang
24790 Höbek-Hassmoor
Tel.: 04331-91546 | 0172-4408074
E-Mail: *augustenhof@reiterferien-bauernhof.de*
Web: *www.reiterferien-bauernhof.de*

### Sportpferdezucht Grimm 🅷
Katrin Grimm
Hauptstraße 37 a
24790 Haßmoor
Tel.: 04331-949703
Fax: 04331-91758
E-Mail: *info@sportpferde-zucht-grimm.de*
Web: *http://sportpferdezucht-grimm.de*

### Hof Eekbarg 🆁 🅰
Jürgen Hennig
Bornbarg 7
24791 Neu Duvenstedt
Tel.: 04338-649
Fax: 04338-999879
E-Mail: *hof-eekbarg@t-online.de*
Web: *www.hof-eekbarg.de*

### Reitsportanlage Borgstedtfelde 🅿
J. Lensch-Thiedemann und P. Domenus
Borgstedtfelde 5 a
24794 Borgstedt
Tel.: 04331-300444
E-Mail: *Peter.Domenus@Holsteiner-Pferd.de*
Web: *www.reitsportanlage-borgstedtfelde.de*

### Gut Osterrade 🅷
Jan-Pierre Fromberger
Gut Osterrade
24796 Bovenau
Tel.: 04334-1333
Fax: 04334-1339
E-Mail: *info@fromberger-hengste.de*
Web: *www.fromberger-hengste.de*

### Reitanlage Kastanienhof 🅿
Peter Bock
Ehlersdorfer Ring 14
24796 Ehlersdorf
Tel.: 04331-92651
Fax: 04331-92651
Web: *http://rufv-kastanienhof.jimdo.com*

### Pferdepension Tasche 🅿
Torsten Tasche
Birkenweg 10
24796 Groß-Nordsee
Tel.: 04340-40277
Fax: 04340-402779
E-Mail: *Tasche.t@t-online.de*
Web: *www.pferdepension-tasche.de*

**Reitstall Naeve** S
Jörg Naeve
Ehlersdorfer Ring 12
24796 Ehlersdorf
Tel.: 04331-91810

**Sonnhof** A S
Tina Demandt
Holsteiner Straße 4
24796 Schacht-Audorf
Tel.: 04331-955858
E-Mail: info@sonnhof-ponys.de
Web: www.sonnhof-ponys.de

**Zuchtbetrieb** H
Hans-Willy Christiansen
An der Kirche 5
24796 Bovenau
Tel.: 04334-634

**Haus Pegasus** S
Friederike Paukszat
Kakelberg 10
24797 Breiholz
Tel.: 04332-879
Fax: 04332-992078
E-Mail: info@lebensgemeinschaft-pegasus.de
Web: www.lebensgemeinschaft-pegasus.de

**Ester´s Reitschule** S
Maryellen Ester Kunze
Dorfstr. 23
24799 Christiansholm
Tel.: 04339-999893
E-Mail: ester.kunze@freenet.de
Web: www.esters-reitschule.de

**Horsemanship Coaching** S
Carsten Goll
Lindenallee 15
24802 Bokel
Tel.: 04330-994375 | 0151-58166849
E-Mail: info@horsemanship-coaching.de
Web: www.horsemanship-coaching.de

**Kutscherteam Bokel** F
Marion Cölln
Mühlenweg 34 b
24802 Bokel
Tel.: 04330-1088
E-Mail: info@kutscher-team-bokel.de
Web: www.kutscher-team-bokel.de

**Reitschule Hexenkroog** P S
Cornelia und Matthias Weber
Emkendorferstr. 119
24802 Emkendorf
Tel.: 04330-743 | 0177-3585465
E-Mail: info@reitschule-hexenkroog.de
Web: www.reitschule-hexenkroog.de

**Stuthagenhof** R
Otto Christophersen
Am Kamp 2
24802 Groß-Vollstedt
Tel.: 0174-3144728
E-Mail: otto_christ@gmx.de
Web: www.stuthagenhof.de

**Tinkerfarm zum Prinzenmoor** A
Yvonne und Thomas Lawrenz
Sandknöll 2
24805 Hamdorf
Tel.: 0172-1460820
E-Mail: info@tinker-prinzenmoor.de
Web: http://tinker-prinzenmoor.de

**Reiterhof Kolb** P
Thorsten Kolb
Dorfstr. 5
24806 Sophienham
Tel.: 04335-1281
E-Mail: info@reiterhof-kolb.de
Web: www.reiterhof-kolb.de

■ Zucht  Trakehner  Holsteiner  andere Rassen ■ Reiten  Reiterferien  Reitschule

**Reiterhof Altenkattbek** P S
Marina Burmeister
Altenkattbek 9
24808 Jevenstedt
Tel.: 04337-919499 | 0172-5632359
E-Mail: *Reiterhof-Altenkattbek@freenet.de*
Web: *www.reiterhof-altenkattbek.de*

**Reiterhof Sievers** P
Heinz-Eggert Sievers
Schwabe 7
24808 Jevenstedt
Tel.: 04337-610 | 0170-4828532
E-Mail: *reiterhof-sievers@web.de*
Web: *www.reiterhof-sievers.de*

**Hof Moholz** P A
Antonia und Sven Döllner
Moholz 3
24809 Nübbel
Tel.: 04331-4375782
Fax: 04331-4375783
E-Mail: *info@hof-moholz.de*
Web: *www.hof-moholz.de*

**Holsteiner und Hannoveraner** H A
Anja und Klaus Pöhlmann
Rumbarg 8
24811 Owschlag
E-Mail: *info@holsteiner-hannoveraner.de*
Web: *www.holsteiner-hannoveraner.de*

**Hof Feldscheide** P
Tanja Wulf-Kursawe
Feldscheide 1
24817 Tetenhusen
Tel.: 04336-999322

**Hof Wettersberg** P
Julia und Phillipp zur Weihen
Wettersberg 20
24819 Haale
Tel.: 04874-900700
E-Mail: *zurweihen@yahoo.com*
Web: *www.hof-wettersberg.de*

**Malu's Ponyhof** R S
Marie Luise Nieland
Bergstr. 8
24819 Todenbüttel
Tel.: 04874-214 | 0172-2702954
Fax: 04874-9215
E-Mail: *info@malus-ponyhof.de*
Web: *www.malus-ponyhof.de*

**Pferdebetrieb** P
Petra Möllenhof
Am Deel 2
24819 Todenbüttel
Tel.: 04874-1259
Fax: 04874-900852

**Zucht- und Pensionsstall Rühmann** P H
Gabriele und Eggert Rühmann
Werden 1 a
24819 Todenbüttel
Tel.: 04874-748
Web: *www.reitanlage-ruehmann.de*

**Möhrkenhof** P
Dipl- Ing. Heike Zemitzsch
Wisentring 12
24848 Kropp
Tel.: 04624-80520
Fax: 04624-805222
E-Mail: *info@moehrkenhof.de*
Web: *www.moehrkenhof.de*

**Roger´s Area** A
Roger Rahn
Dörpstraat 1
24848 Boklund
Tel.: 04624-1223
E-Mail: *Roger.Rahn@t-online.de*
Web: *www.rogers-area.de*

**Pferdebetrieb Albert** P
Christian Albert
Nordring 1
24850 Schuby
Tel.: 04621-949387

**ATZ-Pur Ausbildungs- und Therapiezentrum für Pferd und Reiter** P S
Christiane Behr
Süderstr. 4
24857 Borgwedel
Tel.: 0171-8353286
Fax: 04354-800078
E-Mail: *info@atz-pur.de*
Web: *www.atz-pur.de*

**Reit- und Pensionsstall Ausselbek** P
Gunda Ernst
Satruper Str. 23
24860 Böklund
Tel.: 04623-1530
Fax: 04623-1235

**Hengststation und Verkaufspferde** H
Hans-Hermann Albrecht
Dorfstr. 49
24867 Dannewerk
Tel.: 04621-33848

**Reitunterricht für Schleswig-Holstein** S
Andrea Albrecht
Dorfstraße 47
24867 Dannewerk
Tel.: 0172-1863720
E-Mail: *info@ich-reite.de*
Web: *www.ich-reite.de*

**Hof Osterbunsbüll** R
Dr. Iris Ruhe
Osterfelderweg 10
24875 Havetoftloit
Tel.: 04623-570
Fax: 04623-7445
E-Mail: *info@osterbunsbuell.de*
Web: *www.osterbunsbuell.de*

**Pferdezucht und Ausbildungsbetrieb** D S A
Inga Green
Altmühl 4
24884 Selk

**Reitanlage Bärenz** P
Kerstin Bärenz
Altmühl 4
24884 Selk
Tel.: 04621-360657
E-Mail: *kerstinbaerenz@t-online.de*

**Pferdehof Hornholz** P
Friedrich-Wilhelm Dumrath
Tastruper Weg 22
24941 Jarplund-Weding
Tel.: 0461-979127
E-Mail: *antjedumrath@hotmail.com*

**Reit- und Ausbildungsstall Konczak** P S
Miriam Konczak
Friedensweg 2
24943 Flensburg
Tel.: 0461-1601727

**Ferienhof Hermann** R S
Dirk-M. Hermann
Op de Drey 1
24960 Glücksburg
Tel.: 04631-8671

**Team-Meierhofsland** P
Birte und Bernd Luth
Ruhetaler Weg 17
24960 Glücksburg
Tel.: 04631-3557
Web: *www.team-meierhofsland.de*

**Reitstall Wiesenhof Jerrishoe** D
Inken Hansen
Wiesenweg 1
24963 Jerrishoe
Tel.: 04638-423
E-Mail: *inken@reitstall-wiesenhof.com*
Web: *www.reistall-wiesenhof.com*

---

■ Zucht  T Trakehner  H Holsteiner  A andere Rassen  ■ Reiten  R Reiterferien  S Reitschule

**Reiterhof der Familie Doose** 🅿 🆂
Nadine und Kay Doose
Kappelner Str. 47
24966 Sörup
Tel.: 04635-3010
Fax: 04635-292424
E-Mail: *n.doose75@gmx.de*
Web: *www.reiterhof-doose.de*

**Reitstall Jessen** 🅿
Anneliese Jessen
Hollehitter Str. 2
24966 Sörup OT Schwensby
Tel.: 0170-4608026
Fax: 04635-1667
E-Mail: *info@reitstall-jessen.de*
Web: *http://reitstall-jessen.de*

**Reitstall Nissen Neu-Schwensbyhof** 🅿 🆂
Hanne Frank-Nissen
Kappelner Straße 39
24966 Sörup
Tel.: 04635-2136 | 0171-5297673
Fax: 04635-1715
Web: *www.reitstall-nissen.de*

**Gestüt Nordland** 🅰
Kerstin Hansen-Baig
Wieheberg 8
24969 Großenwiehe
Tel.: 04604-308 | 0172-4255343
Fax: 04604-988457
E-Mail: *gestuet-nordland@t-online.de*
Web: *www.gestuet-nordland.de*

**Hof Grönholm** 🅿
Sybille Wiendieck
Lück 7
24969 Lindewitt OT Sillerup
Tel.: 04604-1517
Fax: 04604-988278
E-Mail: *info@groenholm.de*
Web: *www.groenholm.de*

**Lindenhof Habernis** 🆁
Uwe Jürgensen
Habernis 3
24972 Steinberg
Tel.: 04632-875890
Fax: 04632-8758959
E-Mail: *info@klasseferien.de*
Web: *www.klasseferien.de*

**Pensions- und Ausbildungsstall Hof Otzen** 🅿
Isabel und Frank-Peter Otzen
Gintoft 12
24972 Steinbergkirche
Tel.: 04632-578
E-Mail: *info@pferdepension-gintoft.de*
Web: *www.pferdepension-gintoft.de*

**Lewitzerhof Bratschke** 🅰
Berit Bratschke
Norderweg 50a
24976 Handewitt OT Jarplund
Tel.: 0461-93201
E-Mail: *berit@lewitzerhof-bratschke.de*
Web: *http://lewitzerhof-bratschke.de*

**Pferdehof Bromberg** 🅿 🅷 🅰
Brit Svea und Wolfgang Bromberg
Ahnebylund 17 und 19
24983 Handewitt
Tel.: 04608-971327
Web: *www.pferdehof-bromberg.de*

**Fjordpferde Gronenberg** 🅰
Willi Gronenberg
Barderup-Nord 14
24988 Oeversee
Tel.: 04630-1219

**Hof Mittberg** 🅿
Birgit Behnemann
Hauptstr. 62
24994 Medelby
Tel.: 04605-1071
E-Mail: *birgit.behnemann@gmx.de*

 Ausbildung  Dressur 🆂 Springen  Vielseitigkeit  Fahren 🅿 Pensionsbetrieb

## Pferde-Freizeit-Osterby 🅿
Tine und Holger Andresen
Kätnerweg 15
24994 Osterby
Tel.: 04605-1076
E-Mail: *tine-u-holger.andresen@t-online.de*
Web: *www.pferde-freizeit-osterby.de*

## Der Lindenhof 🆁
Anke und Heiner Iversen
Dorfstraße 16
24996 Ahneby
Tel.: 04637-1288
Fax: 04637-1409
E-Mail: *iversen@lindenhofurlaub.de*
Web: *www.lindenhofurlaub.de*

## Reiterferienhof Thormählen 🆁
Claus Thormählen
Dorfstr. 35
25335 Raa-Besenbek
Tel.: 04121-20521
E-Mail: *info@reiterhof-thormaehlen.de*
Web: *www.reiterhof-thormaehlen.de*

## Lindenhof 🅳
Sabine und Uwe Sauer
Seether Str. 8
25337 Seeth-Ekholt
Tel.: 04120-669
Fax: 04120-507
E-Mail: *kontakt@uwe-sauer.com*
Web: *www.uwe-sauer.com*

## Reit- und Zuchtstall Klevendeich 🅿 🅰
Regina Maria Klügel
Ringstr. 47
25337 Seeth-Ekholt
Tel.: 04122-45154
Fax: 04122-45154

## Lippizanerhof Plotz-Bandholz 🅰
Carsten Plotz
Dorfstr. 34
25355 Bullenkuhlen
Tel.: 04123-6832950
E-Mail: *lipizzanerhof@foni.net*
Web: *www.lipizzanerhof.de*

## Morgenländer Hof 🅿
Astrid Sager
Reihe 15
25355 Lutzhorn
Tel.: 04123-5571
Web: morgenlaenderhof.de

## Polo Academy Gut Aspern
Christopher Kirsch
Rosenstraße 3
25355 Groß Offenseth-Aspern
Tel.: 04123-92290
Fax: 04123-922920
E-Mail: *info@poloevents.com*
Web: *www.gut-aspern.de*

## Reitschule Helenenhof 🅿 🆂
Karen Kühnappel
Grossen Kamp 3
25355 Groß Offenseth-Aspern
E-Mail: *info@helenenhof-online.de*
Web: *www.helenenhof-online.de*

## Lüningshof 🅿
Jens-Peter Kölln
Lüningshofer Weg 4
25358 Horst
Tel.: 04126-38278

## Ausbildungsstall Jutta Perau 🆂
An den Fischteichen 60
25421 Pinneberg
Tel.: 0172-1855345
E-Mail: *seminare-perau@gmx.de*
Web: *www.ausbildungsstall-jutta-perau.de*

**Curly Horses** 🅐
Petra und Lara Sommer
Mühlenstraße 23
25364 Bokel
Tel.: 04127-8383
E-Mail: *p.sommer@curly-horses-bokel.de*
Web: *www.curley-horses-bokel.de*

**Hell Stalion Stud**🅗
Herbert Ulonska
Horster Landstr. 42
25365 Klein Offenseth
Tel.: 04126-38272
Fax: 04126-38274
E-Mail: *stall.hell@aol.com*
Web: *www.stallhell.com*

**Reitanlage Zimmer Stall Elbkate** 🅟 🅢
Jan Marius Zimmer
Kl. Kirchreihe 7 a
25377 Kollmar
Tel.: 04128-1384
E-Mail: *zimmer-kollmar@t-online.de*
Web: *www.reitanlage-zimmer.de*

**Reitanlage Alter Eichhof** 🅟
Roswitha Brunckhorst
Bramarg 2 a
25421 Pinneberg Waldenau
Tel.: 04101-68741
E-Mail: *info@alter-eichenhof.de*
Web: *www.alter-eichenhof.de*

**Reitanlage Gerkens** 🅟
Rudolf Gerkens
Datumer Chaussee 59
25421 Pinneberg
Tel.: 04101-693088
Fax: 04101-851017
E-Mail: *info@reitanlage-gerkens.de*
Web: *www.reitanlage-gerkens.de*

**Zentrum für Hippotherapie** 🅢
Ute Ramcke
Studelskamp 4
25421 Pinneberg
Tel.: 04101-65466
E-Mail: *info@zentrum-hippotherapie.de*
Web: *www.zentrum-hippotherapie.de*

**Sören von Rönne** 🅗
Oberrecht 30
25436 Neuendeich
Tel.: 0171-2311617
Fax: 04122-810940

**Hof Kröger** 🅟
Sören Kröger
Heimstättenstr. 105
25436 Tornesch
Tel.: 04122-55665
Fax: 04122-960372
E-Mail: *info@hofkroeger.com*
Web: *www.hofkroeger.com*

**Hof Meyer** 🅟
Harald Meyer
Ahrenloher Str. 120
25436 Tornesch
Tel.: 04122-56981
E-Mail: *gemuese-meyer@gmx.de*

**Reitstall von Döhren** 🅟
Hans-Otto von Döhren
Haselauer Chaussee 15–17
25436 Moorrege-Klevendeich
Tel.: 04122-83031
Web: *ponita1957@aol.com*

**Stall Renschler** 🅟
Gerhard Renschler
Birkenweg 72 a
25436 Heidgraben
Tel.: 04122-44309
Fax: 04122-460725
E-Mail: *info@stall-renschler.de*
Web: *www.stall-renschler.de*

**Susys Pensionsstall** P
Susanne und Stephan Röseke
Hörnweg 40-42
25436 Tornesch
Tel.: 04120-708645 | 0162-3375946
Fax: 04120-1416
E-Mail: *susyspensionsstall@t-online.de*
Web: *www.susyspensionsstall.de*

**Camelot Arabians** A
Corinna Knaack-Lindemann
Ulzburger Landstr. 401f
25451 Quickborn
Tel.: 04106-78975 | 0179-2038789
Fax: 04106-773696
E-Mail: *camelotarabians@web.de*
Web: *www.camelot-arabians.de*

**Gut Elsensee** P
Wiland Jaacks
Immenhorstweg 2a
25451 Quickborn
Tel.: 04106-81374 | 0171-7581600
Fax: 04106-81374
E-Mail: *info@gut-elsensee.de*
Web: *www.gut-elsensee.de*

**Meyer`s Peerstall** P
Eva Rubien-Meyer
Grandweg 9
25451 Quickborn
Tel.: 04106-7657950
E-Mail: *eva.rubien-meyer@kunststoffmeyer.de*

**Pony Ranch Kleine Helden** A
Martina Keßen
Heinrich-Lohse-Str. 23
25451 Quickborn
Tel.: 0160-94965655
E-Mail: *info@ponyranch-kleinehelden.de*
Web: *www.ponyranch-kleinehelden.de*

**Reitstall Karin Janssen** S
Karin Janßen
Kielerstr. 151
25451 Quickborn
Tel.: 04106-69824
E-Mail: *info@reitschule-janssen.de*
Web: *www.reitschule-janssen.de*

**Brander Hof** P D S V
Georg Otto Heyser
Dockenhudener Chaussee 188
25469 Halstenbek
Tel.: 0173-2376363
E-Mail: *cheyser@gmx.de*
Web: *www.brander-hof.de*

**Reitanlage Fuchshof** P
Katrin Fleege
Garstedter Weg 2
25474 Hasloh
Tel.: 04106-5606
Fax: 04106-5606
E-Mail: *info@fuchshof.com*
Web: *www.fuchshof-hasloh.de*

**Islandpferde Voßbarg** A
Jutta und Kai Schlüter
Wedeler Chaussee 28
25482 Appen-Etz
Tel.: 04101-64821
Fax: 04101-693523
E-Mail: *islandpferde.vossbarg@gmx.de*
Web: *www.islandpferde-vossbarg.de*

**Pferdezentrum Fister** P D S
Andrea Fister
Kieler Str. 27
25485 Bilsen
Tel.: 04106-75350
Fax: 04106-7667811
E-Mail: *info@pferdezentrum-fister.de*
Web: *www.pferdezentrum-fister.de*

### Adlerhof  P
Ayzel Sommer
Barmstedter Str. 49
25486 Alveslohe
Tel.: 04193-970752

### Hof Bühring  A S
Petra Bühring
Barmstedter Str. 53
25486 Alveslohe
Tel.: 04193-6112
Fax: 04193-92304
E-Mail: *info@hofbuehring.de*
Web: *www.hofbuehring.de*

### Möschenhof  S
Antje Diedrichs
In de Möschen 13
25486 Alveslohe
Tel.: 04193-4730
Fax: 04193-95475
E-Mail: *info@moeschenhof.de*
Web: *www.moeschenhof.de*

### Hof Weidengrund  P
Marlis und Uwe Körner
Lüdemannsweg 15
25488 Holm
Tel.: 04103-17262
Web: *www.hof-weidengrund-holm.de*

### Reitstall Deelenhof  H
Kerstin und Wolfgang Schröder
Deelenweg 10
25488 Holm
Tel.: 04103-5164 | 0171-9551190
Fax: 04103-904675
E-Mail: *info@deelenhof.de*
Web: *www.deelenhof.de*

### Hengststation Haselau Mohr  H
Maike und Gunnar Mohr
Dorfstraße 10
25489 Haselau
Tel.: 04122-98710
Fax: 04122-987197
E-Mail: *hengststation@hengststation-haselau.de*
Web: *www.hengstation-haselau.de*

### Hof Marckmann  H
Brit und Heiko Marckmann
Scholenfleth 6a
25489 Haseldorf
Tel.: 04129-341
E-Mail: *hofmarckmann@t-online.de*
Web: *www.hofmarckmann-holsteiner.de*

### Gestüt Grüner Damm  P
Dierk Groth
Grüner Damm 1
25491 Hetlingen
Tel.: 04103-89694

### Reitschule Johannenhof  D
Johannes Beck-Broichsitter
Kreuzweg 10
25492 Heist
Tel.: 04122-81108
Fax: 04122-99038
E-Mail: *info@johannenhof.de*
Web: *www.johannenhof.de*

### Reiterhof Meyer-Jürgens  P
Heiko Meyer-Jürgens
Quickborner Str. 84
25494 Borstel-Hohenraden
Tel.: 04101-505999
Fax: 04101-808115
E-Mail: *info@reiterhof-meyer-juergens.de*
Web: *www.reiterhof-meyer-juergens.de*

---

Ausbildung  D Dressur  S Springen  V Vielseitigkeit  F Fahren  P Pensionsbetrieb

**Reitstall Harald Sellhorn** 🅿
Harald Sellhorn
Dorfstr. 43
25499 Tangstedt
Tel.: 04101-207977 | 0162-1003388
E-Mail: *reitstall.sellhorn@t-online.de*
Web: *www.reitstall-sellhorn.de*

**Reit- und Pensionsstal** 🅿
Britta Tams
Wühren 5
25524 Oelixdorf
Tel.: 04821-94672 |
E-Mail: *brittatams@web.de*
Web: *www.reitstall-oelixdorf.de*

**Reitbetrieb Herfart** 🅿 🆂
Margit Friederich
Hauptstr. 40
25524 Heiligenstedtenerkamp
Tel.: 04821-85000
Fax: 04821-85000
E-Mail: *Reitbetrieb.Herfart@t-online.de*
Web: *www.reitbetrieb-herfart.de*

**Bucking Horse Stable** 🅰
Annkathrin (Anki) Kühl
Borsweg 44
25541 Brunsbüttel
Tel.: 04855-891990 | 0172-7531281
E-Mail: *info@bucking-horse-stable.de*
Web: *www.bucking-horse-stable.de*

**Reiterhof Kröger** 🅿
Renate Kröger
Marner Chaussee 26
25541 Brunsbüttel
Tel.: 04852-7703

**Reitstall Nagel** 🅿
Wilm Nagel
Blangenmoorerstraße 36
25541 Brunsbüttel
Tel.: 04855-891642
E-Mail: *info@reitstall-nagel.de*
Web: *http://reitstall-nagel.de*

**Reitbetrieb** 🅿
Matthias Tiedemann
Wrack 3
25548 Oeschebüttel
Tel.: 04822-2907

**Susis Reiterhof** 🅿
Susanne Bublitz
Overndorfer Str. 77
25548 Kellinghusen
Tel.: 04822-8575
Fax: 04822-8575

**Ferienhof-Kastanienhof** 🆁
Dagmar Erndwein
Dorfstr. 31
25551 Schlotfeld
Tel.: 04826-5751
E-Mail: *ferienhof@kastanienhof-erndwein.de*
Web: *www.kastanienhof-erndwein.de*

**Hof am Deich** 🆂
Andrea Schiller
Oberstr. 6
25551 Winseldorf
Tel.: 04826-375933
Fax: 04826-375934
E-Mail: *info@hof-am-deich.com*
Web: *www.hof-am-deich.com*

**Pferdehof Losse** P
Maren Losse
Zur Stör 7
25551 Lohbarbek
Tel.: 04826-792
Fax: 04826-792
E-Mail: *pferdehoflosse@t-online.de*
Web: *www.pferdehof-losse-lohbarbek-steinburg.de*

**Ponyhof Fuchs** P
Kristin Fuchs
Lohmühlenweg 20
25551 Hohenlockstedt
Tel.: 04826-2524

**Reiterhof Hohenfiert** P
Désiree und Michael Krieger
Hohenfiert 12
25551 Hohenlockstedt
Tel.: 0163-8410824
Fax: 04826-3704538
E-Mail: *krieger-m@gmx.de*
Web: *www.reiterhof-hohenfiert.de*

**Trakehner- Und Lewitzergestüt Gut Springhoe** T A
Birgit Thode
Teichweg 6
25551 Lockstedt
Tel.: 04826-3166
E-Mail: *gut-springhoe@gmx.de*
Web: *www.trakehnerundlewitzer.de*

**Hof Blümel** P
Simone Blümel
Bundesstr. 59
25557 Gokels
Tel.: 04872-1245
Fax: 04872-969355

**Gestüt Schalenburg** A
Hans-Heinrich Ehlers
Dorfstraße 3
25560 Bokhorst
Tel.: 04892-1783
E-Mail: *heinerehlers@t-online.de*
Web: *www.gestuetschalenburg.de*

**Reiterferien Nörenberg** R
Mark Nörenberg
Dorfstr. 39
25560 Aasbüttel
Tel.: 04892-857915
E-Mail: *Elke.Noerenberg@t-online.de*
Web: *www.reiterferien-noerenberg.de*

**Reitstall Birte Schneider** P
Birte Schneider
Breitenburger Str. 33b
25566 Lägerdorf
Tel.: 0160-2825111

**Reit- und Pensionsstall Gallas** P S
Sabine und Udo Gallas
Klein Wisch 1
25569 Bahrenfleth
Tel.: 04824-1528
E-Mail: *info@pferdehof-gallas.de*
Web: *www.pferdehof-gallas.de*

**Reiterhof** P
Hermann Blohm
Brokreihe 5
25569 Kremperheide
Tel.: 04824-3355

**Reiterhof Schreiber** P
Monika Schreiber
Hörn 3
25569 Kempermoor
Tel.: 04824-2100

**Fjordgestüt Klosterhof** A
Inka Störmann
Birkenallee 3
25572 Flethsee-Landscheide
Tel.: 0177-7275251
E-Mail: *fjordgestuet.klosterhof@t-online.de*
Web: *www.fjordpferde-klosterhof.de*

**Ponyhof Wendell** R S
Gesche Wendell-Fürsen
Eichenweg 3
25575 Beringstedt
Tel.: 04874-215
Fax: 04874-900926
Web: *www.ponyhof-wendell.de*

**Klassik Konkret** D
Natascha Howaniétz
Ost 13
25578 Neuenbrook
Tel.: 0152-21685519
Fax: 04824-300504
E-Mail: *info@klassik-konkret.de*
Web: *www.klassik-konkret.de*

**Shayga Araber Gestüt Neuenbrook** A
Ingrid Früchtenicht
Ost 21
25578 Neuenbrook
Tel.: 04824-2127
Fax: 04824-300504
E-Mail: *ingrid.fruechtenicht@t-online.de*
Web: *www.shagya-zucht.de*

**Reit- und Ferienhof Alte Dorfschule** R S
Sandra Stolze
Hohenhörner Str. 14
25584 Holstenniendorf
Tel.: 04827-999440
Fax: 04827-999441
E-Mail: *info@altedorfschule.de*
Web: *www.altedorfschule.de*

**Hof Steenhörn** P
Hauke Jäger
Hof Steenhörn
25585 Lütjenwestedt
Tel.: 04872-7680
Fax: 04872-969941

**Horsemanship-School Lahann** S
Silke und Kai Lahann
Haferkamp 27
25588 Oldendorf
Tel.: 04821-73376 | 0177-6622797
Fax: 04821-7047
E-Mail: *pferde@lahann.de*
Web: *http://horsemannship.lahann.de*

**Reiterhof Mehlbek** P
Tobias Ibing
Mühlenweg 5
25588 Mehlbek
Tel.: 0178-5555555
Fax: 04827-999353

**Hengststation Zucht- und Ausbildungsbetrieb** H S
Dirk Ahlmann
Vierthstr. 82
25593 Reher
Tel.: 04876-900278
Fax: 04876-900279
E-Mail: *info@stall-ahlmann.de*
Web: *www.stall-ahlmann.de*

**Reitsportanlage Holsteinhof** P
Joachim Rath
Kirchenstr. 8
25593 Reher
Tel.: 04876-900900
Web: *www.holsteinhof.de*

■ Zucht   Trakehner   Holsteiner   andere Rassen  ■ Reiten   Reiterferien   Reitschule

**Reitstall Beume** S
Sabine Beume
Westende 15
25594 Vaalermoor
Tel.: 04823-7343
Fax: 04823-6028
E-Mail: *info@reitstall-beume.de*
Web: *www.reitstall-beume.de*

**Holsteiner Pferdezucht** H
Annegret Maaßen
Norderstr. 25
25709 Kronprinzenkoog
Tel.: 04851-3246

**Kinderreithotel Sals** R
Wiebke und Alwin Sals
Mittelstr. 32b
25709 Kronprinzenkoog
Tel.: 04856-264 | 0171-4450703
E-Mail: *sals@alwinsals.de*
Web: *www.kinderreithotel-sals.de*

**Reitschule Süderhof** P S
Jessica Westendorf
Liebesallee 1a
25715 Eddelak
Tel.: 04855-891787
Fax: 04855-891597
E-Mail: *suederhof2002@yahoo.de*

**Kleine Ponyfarm** S
Ursula Danes
Hohenhörnerstraße 6
25725 Schafstedt
Tel.: 04805-1254
Fax: 04805-1263
E-Mail: *info@die-ponyfarm.de*
Web: *www.die-ponyfarm.de*

**Reit- und Pensionsstall Halmschlag** P
Frank Halmschlag
Schulstraße 10
25727 Süderhastedt
Tel.: 04830-901877
E-Mail: *f.halmschlag@t-online.de*
Web: *www.halmschlag.de*

**Stall Ritters** H
Jens Ritters
Schulstraße 1
25727 Krumstedt
Tel.: 04830-1473
Web: *www.stall-ritters.de*

**Reitstall Dorlenschweg** P H
Britta Lange-Hoffmann
Dorlenschweg 18
25746 Heide-Süderholm
Tel.: 0160-91030700
E-Mail: *info@reitstall-dorlenschweg.de*
Web: *www.reitstall-dorlenschweg.de*

**Witt Pferdezucht** H
Ute und Tjark Witt
Kastanienalle 1
25746 Wellinghusen
Tel.: 04839-382
Fax: 04839-953270
E-Mail: *witt-pferdezucht@t-online.de*
Web: *www.witt-pferdezucht.de*

**Reiterhof Hennings** R
Kathrin Hennings
Stinteck 57
25761 Westerdeichstrich
Tel.: 04834-93125
Fax: 04834-93126
E-Mail: *info@reiterhof-hennings.de*
Web: *www.reiterhof-hennings.de*

**Zucht- und Pensionsstall Thiede** 🅿 🅷
Otto-Hermann Thiede
Nordgrovener Weg 1a
25761 Westerdeichstrich
Tel.: 04834-936003 | 0172-2191440
Fax: 04834-936001
E-Mail: *info@betrieb-thiede.de*
Web: *www.betrieb-thiede.de*

**Ferienhof Reimers** 🆁
Petra Reimers
Seehofsweg 7
25764 Wesselburenerkoog
Tel.: 04833-4125
Fax: 04833-4127
E-Mail: *ferienhof-reimers@t-online.de*
Web: *www.ferienhof-reimers.de*

**Reitstall** 🅿
Katrin und Carsten Schmielau
Dammstr. 16
25764 Wesselburenerkoog
Tel.: 04833-425730
E-Mail: *c.schmielau@gmx.de*
Web: *www.reitstall-schmielau.de*

**Reitstall Laabs** 🅿
Simone und Fritz Laabs
Fischerweg 6
25764 Hellschen-Heringsand
Tel.: 04833-425290
Fax: 04833-42830
E-Mail: *info@reitstall-laabs.de*
Web: *www.reitstall-laabs.de*

**Seaside Ponyland Norddeich** 🆁
Hans-Jürgen Wieczorek
Deichstraße 2
25764 Norddeich
Tel.: 04833-424444
Fax: 04833-424440
E-Mail: *info@ponyland-norddeich.de*
Web: *www.ponyland-norddeich.de*

**Sunny-Ranch** 🆁 🅰
Ute und Melanie Herold
Schwarzer Weg 7
25764 Wesselburen
Tel.: 04833-756 | 0151-21367812
Fax: 04833-639
E-Mail: *info@sunny-ranch.de*
Web: *www.sunny-ranch.de*

**Hof Süderknöll** 🅿 🅵
Holger Hinrichs
Dammsknöll 3a bis 4
25767 Offenbüttel
Tel.: 04802-750438
Fax: 04802-750048
E-Mail: *holger@suederknoell.de*
Web: *www.kutschen-suederknoell.de*

**Pferdebetrieb** 🅿
Britta Lange-Hoffmann
Tensbüttler Str. 14
25767 Tensbüttel
Tel.: 04835-950165
Fax: 04835-950165

**Vierthof** 🅿 🆁
Susanne und Ralph Steffens
Vierthof
25767 Albersdorf
Tel.: 04835-9381
Fax: 04835-9383
E-Mail: *vierthof@t-online.de*
Web: *www.vierthof.com*

**Hentscher Hof** 🆂
Eva Hentscher-Manthey
Klever Weg 4
25779 Kleve
Tel.: 04836-8947
Fax: 04836-9252
E-Mail: *hentscher-hof@t-online.de*
Web: *www.hentscher-hof.de*

**ADRESSEN**

■ Zucht  🇹 Trakehner  🅷 Holsteiner  🅰 andere Rassen  ■ Reiten  🆁 Reiterferien  🆂 Reitschule

### Südermoorhof  P
Sonja Wende
Glüsingerbergen 2
25779 Glüsing
Tel.: 04836-1894
Fax: 04836-1894

### Hof Riese  H T A
Petra Wolf
Feldweg 10
25785 Nordhastedt
Tel.: 04804-185288
E-Mail: *hof-riese@t-online.de*
Web: *www.hof-riese.de*

### Tiny Stable  S
Christian Thewes
Gaushorner Str. 18
25785 Nordhastedt
Tel.: 0178-3630426
E-Mail: *info@tiny-stable.de*
Web: *www.tinystable.de*

### Zuchtbetrieb  H
Karsten Butenschön
Hauptstr. 26
25785 Sarzbüttel
Tel.: 04806-1203

### Nachtkoppelhof  R
Christiane Piepgras
Nachtkoppeln 1a
25791 Linden
Tel.: 04836-9194
Fax: 04836-861291

### Reitstall Husum  P
Henning Nickelsen
Moorschift 2 a
25813 Husum
Tel.: 04841-75333
Fax: 04841-806865
E-Mail: *info@reitstall-husum.de*
Web: *www.reitstall-husum.de*

### Reit- und Pensionsstall Waldhof  P
Rüdiger Schmidt
Noa de Heide 2
25821 Dörpum
Tel.: 04672-421
Fax: 04672-421
E-Mail: *waldhof-schmidt@web.de*

### Gestüt und Ferienhof Immensee  R
Mareike und Katrin Stein
Böhler Weg 83
25826 St. Peter-Ording
Tel.: 0172-8803341
Fax: 04863-493309
E-Mail: *gestuetimmensee@aol.com*
Web: *www.reiterhof-immensee.de*

### Martinshof  R
Kerstin Diehl
Brüllweg 2
25826 St. Peter Ording
Tel.: 04863-2452
Fax: 04863-2452
E-Mail: *reiterhof.martinshof@googlemail.com*
Web: *www.reiterhof-martinshof.de*

### Hof Gericke  H
Fabian & Hermann Gericke
Lehnsmann-Siercks Straße 62 a
25832 Tönning
Tel.: 04861-6254
Fax: 04861-1271
E-Mail: *hofgericke@aol.com*
Web: *www.hof-gericke.de*

### Sportpferde Rohde  S
Sebastian und Christoph Rohde
Schäferweg 2
25832 Tönning
Tel.: 04861-232
Fax: 04861-6656

**Islandpferdegestüt Eichenhof** A
Stephanie und Peter Nagel
Koogchaussee 6
25836 Grothusenkoog
Tel.: 04862-102200
Fax: 04862-102202
E-Mail: info@isi-eichenhof.de
Web: www.isi-eichenhof.de

**Reitbetrieb Timm-Meves** R
Andrea Timm-Meves
Süderdeich 3
25840 Koldenbüttel
Tel.: 04881-899010
E-Mail: Timm-Meves@t-online.de
Web: http://timm-meves.homepage.t-online.de

**Zuchtbetrieb** A
Anja-Maria Manthey
Dorfstraße 153
25842 Langenhorn
Tel.: 04672-631
E-Mail: am-manthey@t-online.de
Web: www.spanisches-sportpferd.de

**Appelhof** R
Meike Ruppertz
Schulstr. 9
25849 Pellworm
Tel.: 04844-224
E-Mail: m.ruppertz@appelhof-pellworm.de
Web: www.appelhof-pellworm.de

**Wattreiterhof Pellworm** R
Britta und Ronald Herbst
Junkersmitteldeich 19
25849 Pellworm
Tel.: 04844-990557 | 0172-4090130
E-Mail: herbst@wattreiten-wanderreiten.de
Web: www.wattreiten-wanderreiten.de

**Reit- und Pensionsstall Geis** P
Birgit und Michael Geis
Bondelumermoor 1
25850 Bondelum
Tel.: 04843-2050025

**Süderhof** A
Paint- und Quarterzucht
Peter Arriens
Süderweg 60 a
25853 Drelsdorf
Tel.: 04671-933203
Fax: 04671-933204
E-Mail: suederhof@versanet.de

**Reit- und Pensionsstall Klingenburg** P
Sonja und Olaf Andresen
Alter Husumer Weg 11
25856 Wobbenbüllfeld
Tel.: 04846-693234
E-Mail: olaf-sonja.andresen@t-online.de
Web: www.reiterhof-klingenburg.de

**Reitstall Hansen** P
Uwe Hansen
Hauptstr. 51
25860 Horstedt
Tel.: 04846-763

**Gestüt Schlehenhof** A
Kirsten Wegner-Thomsen
Süderstr. 14
25862 Kolkerheide
Tel.: 04673-962676 | 0174-9238072
Fax: 03221-1147959
E-Mail: schlehenhof@arcor.de
Web: www.schlehenhof-kolkerheide.de

**Trakehnerhof Plausbierre** T
Sabine Rosentreter-Koch
Süderland 6
25862 Joldelund
Tel.: 04673-962017
E-Mail: hof-plausbierre@t-online.de
Web: www.trakehnerhof-plausbierre.de

■ Zucht  T Trakehner  H Holsteiner  A andere Rassen  ■ Reiten  R Reiterferien  S Reitschule

### Zucht- und Pensionsstall Holste  P A
Hans-Heinrich Holste
Süderhuserstr. 9
25862 Goldebek
Tel.: 04604-481

### Fjord-Gestüt  A
Elke Wegmann
Am Markt 10
25879 Süderstapel
Tel.: 04883-818
Fax: 04883-588
E-Mail: *fjordgestuet.wegmann@t-online.de*
Web: *www.nordsee-ferienhof-wegmann.de*

### Ferienhof Gravert „Op de Lüb"  R
Annelie Gravert
Osterende 2
25881 Tating
Tel.: 04862-759
Fax: 04862-102396
E-Mail: *Ferienhof-Gravert@t-online.de*
Web: *www.ferienhof-gravert.de*

### Hof Söderquell  R
Dierk Möller
Süderstr. 1
25885 Wester-Ohrstedt
Tel.: 04847-511
Fax: 04847-1664
E-Mail: *dirk.moeller@t-online.de*

### Horse-Ranch-Bolland  P
Michaela Bolland
Dingsbülldeich 12
25889 Witzwort
Tel.: 04881-936487
Fax: 04881-936487

### Lindenhof  R
Susanne Schlanstedt
Hauptstr. 6
25917 Tinningstedt
Tel.: 04662-4362
Fax: 04662-4365
E-Mail: *info@lindenhof-nf.de*
Web: *www.lindenhof-nf.de*

### Hübner Reitbetrieb  D
Sarah Kay Hübner
Norderstr. 45
25923 Braderup
Tel.: 04663-955
Fax: 04663-1686
E-Mail: *info@dressurstall-huebner.de*
Web: *www.dressurstall-huebner.de*

### Reitstall Ellhöft  P
Hans Nissen
Am Wald 2
25923 Ellhöft
Tel.: 04663-815

### Wollesen´s Reiterhof  R
Jan-Hinrich Wollesen
Osterstr. 3
25923 Süderlügum
Tel.: 04663-303 | 0171-6582888
Fax: 04663-876
E-Mail: *reiterhof-wollesen@t-online.de*
Web: *www.reiterhof-wollesen.de*

### Hof Lotz  P
Jennifer Lotz
Damm 2 a
25924 Rodenäs
Tel.: 04664-982959

**Grevelinghof** R A
Natalie und Ralph Severin
Greveling Stieg 12
25938 Nieblum/Föhr
Tel.: 0170-5634771
Web: *www.greveling-hof.de*

**Rumpp-Hof** R
Sylvie und Frank Rumpp
Reitweg 13
25938 Alkersum/Föhr
Tel.: 04681-4145
E-Mail: *rumpp-hof@t-online.de*

**Reiterhof Andresen** R
Thorsten Andresen
Degelk
25946 Norddorf auf Amrum
Tel.: 04682-1632
E-Mail: *info@andresen-amrum.de*
Web: *www.reiterhof-andresen.de*

**Reiterhof Lobach** R
Ulrike Lobach
Litjenmuasem 14
25980 Sylt-Ost-Morsum
Tel.: 04651-890239

**Erdbeer-Paradies** R
Bettina Sönksen-Volquardsen
Terpwai 17
25996 Wenningstedt-Braderup/Sylt
Tel.: 04651-44369
Web: *www.sylt-feldenkrais.de*

**Schulz Sylt** R
Bodil und Claus Schulz
Terp Wai 20
25996 Wenningstedt/Sylt
Tel.: 04651-42444
Fax: 04681-46290
E-Mail: *info@schultz-sylt.de*
Web: *www.sylt-schulz.de*

Zucht  T Trakehner  H Holsteiner  A andere Rassen  Reiten  R Reiterferien  S Reitschule

Pferdekliniken, Tierärzte, Homöopathen und Hufschmiede

**Pferdeklinik Bargteheide**
Alte Landstraße 104
22941 Bargteheide
Tel.: 04532-28530
Fax: 04532-285350
E-Mail: info@pferdeklinik-bargteheide.de
Web: www.pk-b.de

**Tierklinik Wahlstedt**
Wiesenweg 2 bis 8
23812 Wahlstedt
Tel.: 04554-2227 und 2228
Fax: 04554-4608
E-Mail: info@tierklink-wahlstedt.de
Web: www.tierklinik-wahlstedt.de

**Klinik für Pferde in Seestermühe**
Schlickburg 43
25371 Seestermühe
Tel.: 04125-677
Fax: 04125-958635
E-Mail: dr.fischer-seestermuehe@t-online.de
Web: www.pferdeklink-fischer.de

**Tierärztliche Klink für Pferde Eutin**
Dorfstraße 10
23701 Eutin
Tel.: 04521-5640
Fax: 04521-72296
E-Mail: info@pferdeklinik-dr-feilke.de
Web: www.pferdeklink-dr-feilke.de

**Pferdeklinik Bockhorn**
Bockhorner Landstraße 64
23826 Bark-Bockhorn
Tel.: 04195-990040
Fax: 04195-990050
E-Mail: info@pferdeklinik-bockhorn.de
Web: www.pferdeklinik-bockhorn.de

**Tierärztliche Klinik für Pferde Fachtierarzt für Pferde**
Kieler Straße 27
25485 Bilsen
Tel.: 04106-75350
Fax: 04106-7667811
E-Mail: info@pferdezentrum-fister.de
Web: www.pferdezentrum-fister.de

**Tierärztliche Klinik für Pferde Börnsen**
Buchenberg 2
21039 Börnsen
Tel.: 040-7208280
Fax: 040-7208277
E-Mail: mail@tierklinik-boernsen.de
Web: www.pferdeklinik-boernsen.de

**Tierärztliche Klinik für Pferde & Pferdezahnheilkunde Belz
Fachtierarzt für Pferde, Zuchthygiene und Besamung**
Holnweg 7
24594 Tappendorf
Tel.: 04871-46080
Fax: 04871-46085
E-Mail: info@pferdeklinik-tappendorf.de
Web: www.pferdeklinik-tappendorf.de

**Tierärztekammer Schleswig-Holstein**
Suche nach Tierärzten online möglich
Hamburger Straße 99 a
25746 Heide
Tel.: 0481-5542
Fax: 0481-88335
E-Mail: schleswig-holstein@tieraerztekammer.de
Web: www.sh.tieraerztekammer.de

**Verband der Tierheilpraktiker Deutschlands**
**Landesverband Schleswig-Holstein**
Jens Lau
1. Vorsitzender
Königsfurt 24
24796 Klein-Königsförde
E-Mail: *koenigsfurt.24@t-online.de*
Web: *www.thp-verband.de*

**Erster Deutscher Hufbeschlag-schmiedeverband e.V.**
mit regionaler Suche auf der Webseite
Paul Hellmeier
1. Vorsitzender
Schlossbergstr. 2
82290 Landsberied
Tel.: 0170-4201678
E-Mail: *info@edhv.de*
Web: *www.edhv.de*

Verbände

**Pferdesportverband Schleswig-Holstein e.V.**
Matthias Karstens
Geschäftsführer
Marienstraße 15
23795 Bad Segeberg
Tel.: 04551-88920
Fax: 04551-889220
E-Mail: *info@pferdesportverband-sh.de*
Web: *www.pferdesportverband.de*

**Verband der Züchter des Holsteiner Pferdes**
Norbert Boley
Geschäftsführer
Westerstr. 93
25336 Elmshorn
Tel.: 04121-49790
Fax: 04121-93629
E-Mail: *info@holsteiner-verband.de*
Web: *www.holsteiner-verband.de*

**Trakehner Verband**
Lars Gehrmann
Geschäftsführer
Rendsburger Straße 178a
24537 Neumünster
Tel.: 04321-90270
Fax: 04321-902719
E-Mail: *info@trakehner-verband.de*
Web: *www.trakehner-verband.de*

**Pferdestammbuch Schleswig-Holstein / Hamburg e.V.**
Dr. Elisabeth Jensen
Geschäftsführung
Steenbeker Weg 151
24106 Kiel
Tel.: 0431-331776
Fax: 0431-336142
E-Mail: *info@pferdestammbuch-sh.de*
Web: *www.pferdestammbuch-sh.de*

**Verband der Züchter und Freunde des Arabischen Pferdes**
Zuchtbezirk Schleswig-Holstein/Hamburg
Barbara Julius
1. Vorsitzende
Dorfstraße 2
24594 Rade b. Hohenwestedt
04871-7615930
E-Mail: *fakama.arabians@gmx.de*
Web: *www.vzap-nord.de*

**Deutsche Quarter Horse Association**
Regionalgruppe Schleswig-Holstein
Michael Peltzer
Sandstücken 4 a
25491 Hetlingen
Tel.: 04103-1899115
E-Mail: *mp@peltzer-quarterhorses.de*
Web: *www.dqha-sh.de*

### Islandpferde Zucht- und Sportverein Nord e.V.
Geschäftsstelle IPZV-Nord
Bernd H. Schliekermann
Schulstr. 32
21438 Brackel
Tel.: 04185-650011
Fax: 04185-650013
E-Mail: *geschaeftsstelle@ipzvnord.de*
Web: *www.ipzvnord.de*

### Haflinger Züchtergemeinschaft Schleswig-Holstein/Hamburg e.V.
Sönke Hansen
1. Vorsitzender
Schwittschau 3
24887 Silberstedt
Tel.: 04626-1057
Web: *www.haflinger-zuechtergemeinschaft.de*

### Verein Schleswiger Pferdezüchter e.V.
Bernd Hansen
1. Vorsitzender
Rosacker 6
24887 Silberstedt
Tel.: 04626-1019
E-Mail: *info@schleswiger-kaltblut.de*
Web: *www.schleswiger-kaltblut.de*

### Vereinigung der Freizeitreiter und –fahrer in Deutschland e.V.
Landesverband Hamburg/Schleswig-Holstein
Helle Thomsen
1. Vorsitzende
Schulsteig 9
25485 Langeln
Tel.: 04123-9226260
E-Mail: *helle.thomsen@t-online.de*
Web: *www.vfdnet.de*

### Polo Club Schleswig-Holstein e.V.
Dietmar Kirsch
Vorstand
Rosenstr. 3
25355 Groß Offenseth-Aspern
E-Mail: *info@Polo-Academy.com*
Web: *www.gut-aspern.de*

### Verein zur Förderung des Vielseitigkeitsreitens in Schleswig-Holstein und Hamburg e.V.
Dr. Karl Blobel
1. Vorsitzender
Klaus-Groth-Str. 52
22926 Ahrensburg
E-Mail: *info@vielseitigkeits-foerderung.de*
Web: *www.vielseitigkeits-foerderung.de*

### Erste Westernreiter Union Deutschland e.V.
Landesverband Hamburg/Schleswig-Holstein
Andrea Duckstein-Otten
1. Vorsitzende
Hörntwiete 2 a
25486 Alveslohe
Tel.: 04193-508660
E-Mail: *1.vorsitzende@ewu-westernreiten.de*
Web: *www.ewu-westernreiten.de*

### Urlaub auf dem Bauernhof Komm zum Reiten
Am Kamp 15 bis 17
24768 Rendsburg
Tel.: 04331-9453582
Fax: 04331-9453584
E-Mail: *reiten@bauernhof-erlebnis.de*
Web: *www.bauernhof-erlebnis.de*

### Tourismus-Agentur Schleswig-Holstein
Wall 55
24103 Kiel
Tel.: 0431-600583
Fax: 0431-6005844
E-Mail: *info@sh-tourismus.de*
Web: *www.sh-tourismus.de*

**Interessengemeinschaft Reiter und Fahrer**
**Kreis Herzogtum-Lauenburg e.V.**
Helmut Felgentreu
Dorfstr. 9
21493 Talkau
Tel. 04156-7522
E-Mail: *reitwege@aol.com*
Web: *www.ig-reiter.de*

**Interessengemeinschaft für**
**Reit-, Fahr-und Wanderwege an der**
**Geltinger Bucht**
c/o Gudrun Backes
2. Vorsitzende
Nübelfeld 70
24972 Quern
Tel.: 04632-1564
E-Mail: *info@reitwege-geltinger-bucht.de*
Web: *www.reitwege-geltinger-bucht.de*

**Horsetrail**
Petra Dau
Na de Hoss 10
21594 Mörel
Tel.: 04871-490533
E-Mail: *info@horsetrail.de*
Web: *www.horsetrail.de*

**Reiten in der Flusslandschaft**
Eider-Treene-Sorge
Am Treene – Der Amtsvorsteher
Schulweg 19
25866 Mildstedt
Tel.: 04841-992-0
Fax: 04841-992-32
E-Mail: *info@amt-treene.de*
Web: *www.reitrouten.de*

**Reiten in der Lübecker Bucht**
**Entwicklungsgesellschaft Ostholstein**
Tourismusförderung
Röntgenstr. 1
23701 Eutin
Tel.: 04521-808592
Fax: 04521-808593
E-Mail: *oh-tourismus@egoh.de*
Web: *www.reiten-luebecker-bucht.de*

**Reiten am Strand von St. Peter-Ording**
Pferde-Plaketten
Tourismus-Zentrale St. Peter-Ording
Maleens Knoll 2
25826 St. Peter-Ording
Tel.: 04863-990
E-Mail: *info@tz-spo.de*
Web: *www.st.peter-ording.de*

**Literatur und Quellen:**

Praxishandbuch Pferdehaltung
Ingolf Bender, 2004, Kosmos Verlag

Die klassische Reitkunst
Alois Podhajsky
2006, Franckh-Kosmos Verlag

Das Reitpferd
Albert Brandl
1977 (2. Auflage), Edition Haberbeck

Das Dressurpferd
Harry Boldt
1998 (8. Auflage), Edition Haberbeck

Richtlinien für Reiten und Fahren, Bd. 1
Grundausbildung für Reiter und Pferd
Deutsche Reiterliche Vereinigung, 2005,
FN-Verlag

Richtlinien für Reiten und Fahren, Bd. 2
Ausbildung für Fortgeschrittene
Deutsche Reiterliche Vereinigung, 2001,
FN-Verlag

Richtlinien für Reiten und Fahren, Bd. 4
Haltung, Fütterung, Gesundheit und Zucht
Deutsche Reiterliche Vereinigung, 2008,
FN-Verlag

Urlaub im Sattel
Deutschland schönste Reiterhöfe
Deutsche Reiterliche Vereinigung, 2007,
FN-Verlag

Urlaub auf dem Bauernhof 2010
Bauernhöfe, Landhotels, Winzerhöfe, Reiterhöfe
DLG, 2009 (45. Auflage), DLG

Handbuch Pferd
Zucht, Haltung, Ausbildung, Sport, Medizin, Recht
Peter Thein, BLV Verlagsgesellschaft

Quellen im Internet u.a.:
Deutsche Reiterliche Vereinigung: www.pferd-aktuell.de

Pferdesportverband-sh.de: www.pferdesportverband-sh.de

Das Telefonbuch Deutschland: www.dastelefonbuch.de

Tiere im Internet:: www.heimtierheim.de

**Bildnachweis:**

Titelfoto: Sabine Stuewer Tierfoto
www.stuewer-tierfoto.de
"Kalle" Fotolia
S. 12 Holger Ceglars
www.pferdephoto.de
S. 13 © Tourismus-Agentur Schleswig-Holstein (TASH)
S. 14 und 15 Fotolia
S. 22 links Dietmar Otto
S. 34 Dietmar Otto
S. 40 und 41 Stefan Lafrentz
S. 50 und 51 Jutta Bauernschmitt
www.tierfoto.org
S. 52 und 53 Georg Trott
www.trott-naturfoto.de
S. 58 und 59 Inez Rüppel
S. 70 Stephanie von Westerhagen
S. 71 oben Silke Müller-Uloth
unten Katja Gretscher-Said
S. 74 und 75 Olaf Johannes Greisen
www.reitbild.de
S. 96 Dietmar Otto
S. 137 Dietmar Otto
S. 142 Stefan Lafrentz
S. 143 Daniela Domnick
S. 155 oben links Inez Rüppel, oben rechts Alexandra Büll
unten Inez Rüppel
S. 158 und 159 Irene Hohe
www.pferdefotos.de
S. 164 und 165 Thorsten Schmidt
S. 168 © Tourismus-Service Scharbeutz
S. 170 oben Stefan Lafrentz
S. 170 unten Janne Bugtrup
S. 172 unten: Karl-Heinz Frieler

Alle übrigen Fotos wurden uns von den Pferdebetrieben zur Verfügung gestellt oder stammen von der Autorin.

Ich danke allen beteiligten Pferdefreunden für die vielen wertvollen Tipps und Fotos, den großzügigen Förderern dieser Publikation und dem Team vom Wachholtz-Verlag für die engagierte und kreative Arbeit!

*Ingken Wehrmeyer*